中国野外植物手册

FIELD GUIDE TO WILD PLANTS OF CHINA

山东册
Shandong

丛书主编：马克平

丛书编委会：曹　伟　　陈　彬　　冯虎元　　郎楷永
　　　　　　李振宇　　彭　华　　覃海宁　　田兴军
　　　　　　邢福武　　严岳鸿　　杨亲二　　应俊生
　　　　　　于　丹　　张宪春

本册著者：刘　冰

本册审稿者：侯元同　　高天刚

高等教育出版社·北京

图书在版编目（CIP）数据

中国常见植物野外识别手册．山东册 / 马克平主编；刘冰著．– 北京 ： 高等教育出版社，2009.7（2023.4 重印）

ISBN 978-7-04-027480-6

Ⅰ．中… Ⅱ．①马…②刘… Ⅲ．①植物 – 识别 – 中国 – 手册②植物 – 识别 – 山东省 – 手册 Ⅳ．Q949-62

中国版本图书馆CIP数据核字 (2009) 第111353 号

策划编辑	林金安　吴雪梅	责任编辑	赵晓媛　刘思涵
封面设计	张　楠	版式设计	刘　冰　陈　彬
责任校对	赵晓媛	责任印制	耿　轩

出版发行	高等教育出版社	咨询电话	400 - 810 - 0598
社　　址	北京市西城区德外大街4号	网　　址	http://www.hep.edu.cn
邮政编码	100120		http://www.hep.com.cn
印　　刷	河北信瑞彩印刷有限公司	网上订购	http://www.landraco.com
开　　本	880×1230　1/48		http://www.landraco.com.cn
印　　张	8	版　　次	2009 年 7 月第 1 版
字　　数	370 000	印　　次	2023 年 4 月第 11 次印刷
购书热线	010 - 58581118	定　　价	36.00元

本书如有缺页、倒页、脱页等质量问题，请到所购图书销售部门联系调换。

序 Foreword

　　历经四代人之不懈努力，浸汇三百余位学者毕生心血，述及植物三万余种，卷及126册的巨著《中国植物志》已落笔告罄。然当今已不是"腹中贮书一万卷，不肯低头在草莽"的时代，如何将中国植物学的知识普及芸芸众生，如何用中国植物学知识造福社会民众，如何保护当前环境中岌岌可危的濒危物种，将是后《中国植物志》时代的一项伟大工程。念及国人每每旅及欧美，常携一图文并茂的"Field Guide"（野外工作手册），甚是方便；而国人及外宾畅游华夏，却只能搬一块大部头的"Flora"（植物志），实乃吾辈之遗憾。由中国科学院植物研究所马克平所长主持编撰的这套《中国常见植物野外识别手册》丛书的问世，当是填补空白之举，令人眼前一亮，颇觉欢喜，欣然为序。

　　丛书的作者主要是全国各地中青年植物分类学骨干，既受过系统的专业训练，又熟悉当下的新技术和时尚。由他们编写的植物识别手册已兼具严谨和活泼的特色，再经过植物分类学专家的审订，益添其精准之长。这套丛书可与《中国植物志》、《中国高等植物图鉴》、《中国高等植物》等学术专著相得益彰，满足普通植物学爱好者及植物学研究专家不同层次的需求。更可喜的是，这种老中青三代植物学家精诚合作的工作方式，亦让我辈看到了中国植物学发展新的希望。

　　"一花独放不是春，百花齐放春满园"。相信本系列丛书的出版，定能唤起更多的植物分类学工作者对科学传播、环保宣传事业的关注；能够指导民众遍地识花，感受植物世界之魅力独具。

　　谨此为序，祝其有成。

王文采

2009年3月31日

前言 Preface

　　自然界丰富多彩，充满神奇。植物如同一个个可爱的精灵，遍布世界的各个角落：或在茫茫的戈壁滩上，或在漫漫的海岸线边，或在高高的山峰，或在深深的狭谷，或形成广袤的草地，或构筑茂密的丛林。这些精灵们一天到晚忙碌着，成全了世界的五彩缤纷，也为人类制造赖以生存的氧气并满足人们衣食住行中方方面面的需求。中国是世界上植物种类最多的国家之一，全世界已知的30余万种高等植物中，中国的高等植物超过3万种。当前，随着人类经济社会的发展，人与环境的矛盾日益突出，一方面，人类社会在不断地向植物世界索要更多的资源并破坏其栖息环境，致使许多植物濒临灭绝；另一方面，又希望植物资源能可持续地长久利用，有更多的森林和绿地能为人类提供良好的居住环境和新鲜的空气。

　　如何让更多的人认识、了解和分享植物世界的妙趣，从而激发他们合理利用和有效保护植物的热情？近年来，在科技部和中国科学院的支持下，我们组织全国20多家标本馆建设了中国数字植物标本馆（Chinese Virtual Herbarium，CVH）、中国自然植物标本馆（Chinese Field Herbarium，CFH）等植物信息共享平台，收集整理了包括超过10万张经过专家鉴定的植物彩色照片和近20套植物志书的数字化植物资料并实现了网络共享。这个平台虽然给植物学研究者和爱好者提供了方便，却无法顾及野外考察、实习和旅游的便利性和实用性，可谓美中不足。这次我们邀请全国各地植物分类学专家、特别是青年学者编撰一套常见植物野外识别手册的口袋书，每册包括具有区系代表性的地区、生境或类群中的500～700种常见植物，是这方面的一次尝试。

　　记得1994年我第一次去美国时见到"Peterson Field Guide"（野外工作手册），立刻被这种小巧玲珑且图文并茂的形式所吸引。近年来，一直想组织编写一套适于植物分类爱好者、初学者的口袋书。《中国植物志》等志书专业性非常强，《中国高等植物图鉴》等虽然有大量的图版，但仍然很专业。而且这些专业书籍都是多卷册的大部头，不适于非专业人士使用。有鉴于此，我们力求做一套专业性的科普丛书。专业性主要体现在丛书的文字、内容、照片的科学性，要求作者是专业人员，且内容经过权威性专家审定；普及性即考虑到爱好者的接受能力，注意文字内容的通俗性，以精彩的照片"图说"为主。由此，丛书的编排方式摈弃了传统的学院式排列及检索方式，采用人们易于接受的形式，诸如：按照植物的生活型、叶形叶序、花色等植物性状进行分类；在选择地区或生境类型时，除考虑区系代表性外，还特别重视游人多的自然景点或学生野外实习基地。植物收录范围主要包括某一地区或生境常见、重要或有特色的野生植物种类。植物中文名主要参考《中国植物志》；拉丁学名以"中国高等植物物种名录"（http://csvh.org/cnnode/search.php)"为主要依据；英文名主要参考美国农业部网站（www.usda.org)和《新编拉汉英种子植物名称》。同时，为了方便外国朋友学习中文名称的发音，特别标注了汉语拼音。

本丛书自2007年初开始筹划，经过两年多的努力工作，现在开始陆续出版。欣喜之际，特别感谢王文采院士欣然作序热情推荐本丛书；感谢各位编委对于丛书整体框架的把握；感谢各分册作者辛苦的野外考察和通宵达旦的案头工作；感谢高等教育出版社林金安审和他的团队的严谨和睿智，并慷慨承诺出版费用；感谢严岳鸿、陈彬、刘夙、刘冰、李敏和孙英宝等诸位年轻朋友的热情和奉献。同时也非常感谢科技部平台项目的资助；感谢普兰塔论坛（http://www.planta.cn)的"塔友"为本书的编写提出的宝贵意见。

尽管因时间仓促，疏漏之处在所难免，但我们还是衷心希望本丛书的出版能够推动中国植物科学知识的普及，让人们能够更好地认识、利用和保护祖国大地上的一草一木。

马克平
于北京香山
2009年3月31日

本册简介 Introduction to this book

　　读者朋友，您也许是喜欢户外运动和野外观花的驴友，也许是植物分类学的爱好者，也许是需要进行样方调查的生态学工作者，总之，只要您需要在野外识别植物，本书就会成为您的好帮手。本书介绍了山东野生维管植物711个分类群（含665种，10亚种，36变种），约占野生种类总数的一半，山东常见的植物在本书中均能找到，包括房前屋后、路旁或田边生长的常见杂草。

　　山东的植被受人类活动影响剧烈，加上又是人口大省，原始植被早已毁坏殆尽，现存的都是次生植被，加之境内没有高山，因此山东的植物种类与我国其他大部分省区相比，较为贫乏，野生维管植物只有1500种左右。

　　山东境内有山地、丘陵、平原、湖泊、沿海滩涂等多种地形。不同的地形、不同的环境均有不同的植物生长，请您关注书中关于植物生境的描述。在哪里能见到更多的植物种类呢？下面按地形区逐个介绍。

　　山东的地形区大致可以分为三部分：鲁中南山地丘陵、鲁东丘陵、鲁西北平原。

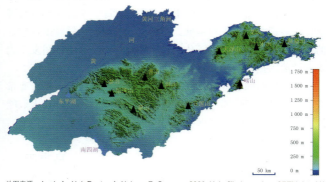

地图来源：Jarvis A., H. I. Reuter, A. Nelson, E. Guevara, 2008, Hole-filled seamless SRTM data V4, International Centre for Tropical Agriculture (CIAT), available from http://srtm.csi.cgiar.org.

　　1. 中部突起为鲁中南山地丘陵区，位于山东省的中南部。区内大部分地面在海拔500米左右，少数山峰在海拔1 000米以上，如泰山、鲁山、沂山、蒙山、徂徕山等。低海拔地区为石灰岩山地，多为侧柏林和刺槐林，林下植物种类单一，林缘较丰富；阳坡多为灌丛，植物种类较多；山顶多为灌草丛，植物种类多样化；沟谷处湿润，常有水流经过，主要为杂木林，林下植物种类丰富。高海拔地区山峰由花岗岩、片麻岩组成，多为油松、华山松、黑松或落叶松组成的针叶林及麻栎、栓皮栎组成的阔叶林，林缘有较多的植物种类；在海拔1 000米以上的山顶处常有山地草甸分布，植物种类非常丰富。

2. 东部半岛大多是起伏和缓的波状丘陵，为鲁东丘陵区，包括胶东丘陵和沭东丘陵。区内较高山峰有崂山、昆嵛山、牙山、艾山等，除崂山外，均在海拔1 000米以下。胶东丘陵大部分海拔为200～300米。沭东丘陵位于胶东丘陵的西南部，大部分海拔为100～300米。落叶松林植物种类较为单一；赤松、黑松组成的针叶林植物种类较多；本区的杂木林、灌丛、灌草丛有极为多样化的植物种类。

3. 西部、北部是黄河冲积而成的平原，为鲁西北平原区。区内海拔大都在50米左右，向东北至黄河入海口一带只有2～3米。南四湖、东平湖及黄河沿岸分布的水塘、稻田等有丰富的水生、湿生植物；黄河三角洲一带有较多的盐生植物种类。

除生境外，花果期也是影响您能否见到某种植物的重要因素，比如，糙叶黄芪、白头翁在春季均是山东常见的植物，前者在平原和山区均常见，后者在山区常见，但是花果期过后，在夏秋季就很难发现它们的踪影。其实它们并没有消失，只是因为没有了显眼的花，才逃过了人们的眼睛。同样的道理，红柴胡和北柴胡在春夏季不容易见到，但到了秋季，在向阳山坡则变得极为常见。

书中所载的每一种植物都配有花果期的图例（蕨类植物则为孢子期），方便您对照比较。本册所载种类的花果期数值大多来自本书作者在山东多年的野外经验积累。由于胶东地区的物候比山东西部晚20～30天，某些种类的花果期适当放宽了范围，以期与东、西部读者实际观察到的结果相一致。

在正文部分，详细介绍的种后一般附带1～2个相似种，这里所指的"相似"是形态上的相似，而非亲缘关系上的相近。本书选择相似种的范围比较宽泛，只要在叶、花、果的任何一方面有相似之处，即予以收录。

希望本书能为您在山东的旅行带来更多的快乐，认识更多的花草树木。更希望您对本书提出宝贵的意见和建议，以便我们完善本书。

使用说明 How to use this book

　　本书的检索系统采用目录树形式的逐级查找方法。先按照植物的生活型分为三大类：木本、藤本和草本。

　　木本植物按叶形的不同分为三类：叶较窄或较小的为针状或鳞片状叶，叶较宽阔的分为单叶和复叶。藤本植物不再作下级区分。草本植物首先按花色分为七类，由于蕨类植物没有花的结构，禾草状植物没有明显的花色区分，列于最后。每种花色之下按花的对称形式分为辐射对称和两侧对称*。辐射对称之下按花瓣数目再分为二至六；两侧对称之下分为蝶形、唇形、有距、兰形及其他形状；花小而多，不容易区分对称形式的单列，分为穗状花类和头状花序两类。

　　正文页面内容介绍和形态学术语图解请见后页。

---

* **注**：为方便读者理解和检索，本书采用了"辐射对称"与"两侧对称"这种在学术上并不严谨的说法。

7

乔木和灌木（人高1.7米）
Tree and shrub（The man is 1.7 m tall）

草本和禾草状草本（书高18厘米）
Herb and grass-like herb（The book is 18 cm tall）

植株高度比例 Scale of plant height

上半页所介绍种的生活型、花特征的描述
Discription of habit and flower features of the
species placed in the upper half of the page

叶、花、果期（空白处表示落叶）
Leaf, flowering and fruiting stage
(Blank indicates deciduous)

上半页所介绍种的图例
Legend for the species placed in the upper
half of the page

在中国的地理分布
Distribution in China

属名 Genus name

科名 Family name

别名 Chinese local name

中文名 Chinese name

拼音 Pinyin

学名（拉丁名）Scientific name

英文名 Common name

主要形态特征的描述
Discription of main features

在山东的分布
Distribution in Shandong

生境
Habitat

在形态上相似的种
（并非在亲缘关系上相近）
Similar species in appearance rather than in
relation

识别要点
（识别一个种或区分几个种的关键特征）
Distinctive features
(Key characters to identify or distinguish
species)

相似种的叶、花、果期
Leafing, flowering and fruiting period of the
similar species

页码 Page number

草本植物 花黄色 辐射对称 花被五

赶山鞭 小叶牛心菜 藤黄科 金丝桃属
Hypericum attenuatum | gǎnshānbiān
Atteuate St. Johnswort

多年生草本，叶对生，卵形或矩圆状卵形①，长1.5～3.5厘米，宽0.4～1厘米，基部渐狭，略抱茎，无柄，两面及边缘散生黑色腺点②，花序顶端伞状，花多数；萼片5，顶端急尖，表面及边缘有黑色腺点；花瓣5，淡黄色①，沿表面及边缘有稀疏的黑色腺点；雄蕊多数，集成3束；花柱3，离生；蒴果卵圆形，长0.6～10厘米，成熟时先端三裂。

产于鲁中南及胶东山区，生于山地林缘、沟边、湿润处。

相似种：黄海棠【*Hypericum ascyron*，藤黄科金丝桃属】叶披针形或长圆状卵形③，花序顶生；花瓣黄色5～8厘米，萼片五；蒴果卵状三角形。主产胶东山区；生林缘、水边。

赶山鞭的花小而多，径1.5～2.5厘米；茎、叶、花均有明显的黑色腺点；黄海棠的植株和花均较大，径6～8厘米，植株无明显的黑色腺点。

1 2 3 4 5 6 7 8 9

光果田麻 野芝麻楝子 椴树科 田麻属
Corchoropsis crenata var. *hupehensis*
Glabrous-fruit Corchoropsis | guāngguǒtiánmá

一年生草本，茎被柔毛；叶互生，卵形或狭卵形②，长15～4厘米，宽0.6～2.2厘米，边缘有钝牙齿②，两面均密生星状短柔毛，基部3脉；叶柄长0.2～1.2厘米；花单生叶腋；萼片5，狭披针形，长约2.5毫米；花瓣5，黄色①，倒卵形；蒴果角状圆柱形，长8～2.8厘米，无毛①，成熟时裂成三瓣；种子卵形，长约2毫米。

产于全省各山区，生于山地、沟谷。

相似种：田麻【*Corchoropsis crenata*，椴树科 田麻属】叶卵形②，边缘有钝牙齿②；花瓣5，黄色；蒴角被状圆柱形，有星状柔毛④。产明山；生林缘。

光果田麻的花较小，径10～15毫米，果实有星状毛；田麻的花较大，径约2厘米，果无星状毛。

1 2 3 4 5 6 7 8 9

花辐射对称，花瓣二

花两侧对称，蝶形

植株禾草状，花序特化为小穗

花辐射对称，花瓣三

花两侧对称，唇形

花小或无花被，或花被不明显

花辐射对称，花瓣四

花两侧对称，有距

花小而多，组成穗状花序

花辐射对称，花瓣五

花两侧对称，兰形或其他形状

花小而多，组成头状花序

花辐射对称，花瓣六*

*注：花瓣分离时为花瓣六，花瓣合生时为花冠裂片六，花瓣缺时为萼片六或萼裂片六。正文中不作区分，统称"花瓣六"。其他数目者亦相同。

花（或花序）的大小比例（短线为1厘米）
Scale of flower (or inflorescence) size (The band is 1 cm long)

草本植物 花黄色 辐射对称 花瓣五

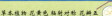
下半页所介绍种的生活型、花特征的描述
Discription of habit and flower features of the species placed in the lower half of the page

下半页所介绍种的图例
Legend for the species placed in the lower half of the page

上半页所介绍种的图片
Pictures of the species placed in the upper half of the page

图片序号对应左侧文字介绍中的①②③...
The Numbers of pictures are counterparts of ①, ②, ③, etc. in left disriptions

下半页所介绍种的图片
Pictures of the species placed in the lower half of the page

术语图解 Illustration of Terminology

叶 Leaf

中脉 midrib
侧脉 lateral vein
叶片 blade
叶柄 petiole
托叶 stipule
茎 stem

禾草状植物的叶 Leaf of Grass-like Herb

秆 culm
叶片 blade
叶舌 ligule
叶鞘 sheath

叶形 Leaf Shapes

针状 acerose	条形 linear	披针形 lanceolate	倒披针形 oblanceolate	卵形 ovate	倒卵形 obovate
鳞片状 scale-like	椭圆形 elliptic	圆形 rounded	箭形 sagittate	心形 cordate	肾形 reniform

叶缘 Leaf Margins

全缘 entire	锯齿 serrate	重锯齿 biserrate	圆齿 crenate	波状 undulate	刺状锯齿 spiny-serrate

叶的分裂方式 Leaf Segmentation

不裂 entire	羽状分裂 pinnatifid	大头羽状分裂 lyrate	二回羽状分裂 bipinnatifid	掌状分裂 palmatifid	鸟足状分裂 pedate

单叶和复叶 Simple Leaf and Compound Leaves

单叶 simple leaf	奇数羽状复叶 odd-pinnately compound leaf	偶数羽状复叶 even-pinnately compound leaf	二回羽状复叶 bipinnately compound leaf	掌状复叶 palmately compound leaf	单身复叶 unifoliate compound leaf

叶序 Leaf Arrangement

互生 alternate	螺旋状着生 spirally arranged	对生 opposite	轮生 whorled	簇生 fasciculate	基生 basal

花 Flower

花药 anther
花瓣 petal
花丝 filament
柱头 stigma
萼片 sepal
花柱 style
子房 ovary
花托 receptacle
花梗/花柄 pedicel

花梗/花柄 pedicel
花托 receptacle
萼片 sepal } 花萼 calyx
花瓣 petal } 花冠 corolla } 花被 perianth
花丝 filament
花药 anther } 雄蕊 stamen } 雄蕊群 androecium
子房 ovary
花柱 style } 雌蕊 pistil } 雌蕊群 gynoecium
柱头 stigma

花 flower

花序 Inflorescences

总状花序 raceme

穗状花序 spike

伞形花序 umbel

伞房花序 corymb

柔荑花序 catkin

头状花序 head

 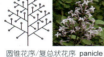
圆锥花序/复总状花序 panicle

复穗状花序 compound spike

复伞形花序 compound umbel

隐头花序 hypanthodium

蝎尾状聚伞花序 cincinnus

镰状聚伞花序 drepanium

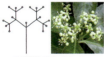
二歧聚伞花序 dichasium

多歧聚伞花序 polychasium

轮状聚伞花序 verticillaster

果实 Fruits

浆果
berry

核果
drupe

梨果
pome

荚果
legume

蓇葖果
follicle

蒴果
capsule

长角果、短角果
silique, silicle

瘦果
achene

翅果
samara

坚果
nut

聚合果
aggregate fruit

聚花果/复果
multiple fruit

11

油松　松科 松属
Pinus tabuliformis
Chinese Pine ｜ yóusōng

常绿乔木①；树皮常为灰褐色；一年生枝淡红褐色，无毛；冬芽红褐色；针叶2针一束（③上），粗硬，长10～15厘米，部分针叶有扭曲现象，叶鞘宿存；球果卵圆形②，长4～10厘米，成熟后在枝上宿存数年，暗褐色；种鳞的鳞盾肥厚，鳞脐背生（即着生于鳞盾中部），有刺尖，横脊显著；种子长6～8毫米，种翅长约10毫米。

产于泰山、沂山、蒙山等地的高海拔地区，其他山区有引种造林，平原地区也有栽培。生于林中，或栽培于庭院。

相似种：华山松【*Pinus armandii*，松科 松属】枝条和幼树树皮光滑；针叶5针一束（③下），叶鞘早落；球果圆锥状卵形④，鳞脐顶生（即着生于鳞盾先端的边缘处）④。原产我国西部和西南部地区，鲁中南及胶东地区的林场有引种造林；生林中。

油松的针叶粗长，两针一束，鳞脐背生；华山松的针叶细短，五针一束，鳞脐顶生。

日本落叶松　松科 落叶松属
Larix kaempferi
Japanese Larch ｜ rìběnluòyèsōng

落叶乔木；树皮暗褐色，呈鳞片状脱落；有长短枝之分，长枝上的叶螺旋状散生，一年生长枝淡红褐色，有白粉，径约1.5毫米，短枝上的叶簇生③；叶条形，长1.5～3.5厘米，宽1～2毫米；球果卵圆形或圆柱状卵形①，嫩时绿色，熟时褐色，长2～3.5厘米，径1.8～2.8厘米，含种鳞46～65枚；中部种鳞圆形或矩圆形，边缘向外反卷①②。

原产日本，鲁中南及胶东各大山区有引种造林，如泰山、蒙山、崂山、昆嵛山等，为山东长势最好的一种落叶松，在低山区和高山区均能生长。生于林中。

相似种：华北落叶松【*Larix gmelinii* var. *principis-rupprechtii*，松科 落叶松属】种鳞近五角状卵形，边缘不反卷④。原产河北、山西，泰山、崂山等地有引种造林；生林中。

日本落叶松的种鳞为圆形，边缘反卷；华北落叶松的种鳞为五角形，边缘不反卷。

赤松 日本赤松 松科 松属
Pinus densiflora
Japanese Red Pine | chì sōng

　　常绿乔木；树皮红色，呈鳞片状脱落，冬芽红褐色；一年生枝黄红色，微被白粉，无毛；针叶2针一束，长8～12厘米；叶鞘宿存；球果圆锥状卵形①②，长3～3.5厘米，成熟后淡褐黄色或淡黄色；种鳞较薄，鳞盾平或微厚②，鳞脐背生，通常有刺；种子长倒卵形或卵圆形，长4～7毫米，种翅淡褐色，长1～1.5厘米。

　　产于胶东山区，尤以沿海丘陵地带为多。生于林中。

　　相似种：黑松【*Pinus thunbergii*，松科 松属】冬芽银灰白色③；针叶2针一束，粗硬，常在枝上排列成整齐的圆柱状③；球果圆锥状卵形④。原产日本和朝鲜半岛，鲁中南及胶东山区引种造林，尤以胶东为多；生林中，常与赤松混生。

　　二者的针叶均为两针一束；赤松的针叶稍短，冬芽红褐色，球果较小；黑松的针叶较长，冬芽银白色，球果较大。

水杉 杉科 水杉属
Metasequoia glyptostroboides
Dawn Redwood | shuǐ shān

　　落叶乔木；小枝对生，下垂①，具长枝与脱落性短枝；叶交互对生，排成2列，条形①，扁平，柔软，长1～1.7厘米，宽约2毫米，短枝在冬季与叶一起脱落；球果下垂，近球形②，微具四棱，长1.8～2.5厘米，有长柄；种鳞木质，盾形，顶部宽有凹陷，两端尖，嫩时灰绿色，熟后深褐色，宿存；种子倒卵形，周围有窄翅，先端有凹缺。

　　我国特有树种，产四川、湖北、湖南，为孑遗植物，全省各山区及平原有引种栽培。生于林中，或栽培于庭院。

　　相似种：杉木【*Cunninghamia lanceolata*，杉科 杉木属】叶在侧枝上排成二列③，坚硬，长3～6厘米；球果近球形④。原产我国秦岭以南地区，胶东山区有引种造林；生境同上。

　　水杉的叶条形，柔软，在枝上交互对生；杉木的叶条状披针形，坚硬，在枝上螺旋状排列。

侧柏 柏科 侧柏属

Platycladus orientalis

Oriental Arborvitae │ cèbǎi

常绿乔木；小枝扁平，在竖直方向上排成一平面①；幼苗的叶为刺状，成株的叶为鳞形（①右上），交互对生，长1~3毫米，叶背中部有腺槽；雌雄同株；球果卵圆形，长1.5~2厘米，熟前肉质，蓝绿色，被白粉，熟后木质化，张开露出种子①；种鳞4对，扁平，中部种鳞各有种子1~2粒；种子卵圆形。

主产于鲁中南山区，其他地区也有栽培。生于石灰岩山地，常形成大片的侧柏林。

相似种：甘蒙柽柳【*Tamarix austromongolica*，柽柳科 柽柳属】枝条直伸，不下垂②；叶长圆形，蓝绿色③；春夏开两次或三次花；花紫红色④。主产鲁西北平原地区，沿黄河分布；生水边或海边盐碱地。

二者的叶均为鳞片状；侧柏为乔木，是裸子植物，生于山地；甘蒙柽柳为灌木，是被子植物，有明显的花，生于平原盐碱地。

黑弹树 小叶朴 棒棒树 榆科 朴属

Celtis bungeana

Bunge's Hackberry │ hēidànshù

落叶乔木；一年枝无毛；叶互生，斜卵形至椭圆形，长4~11厘米，基出三脉，中部以上边缘具锯齿①，有时近全缘，下面仅脉腋常有柔毛；叶柄长5~10毫米；先叶开花②；核果单生叶腋，球形，直径4~7毫米，熟时紫黑色①，果柄明显长于叶柄①，长1.2~2.8厘米，果核平滑，稀有不明显网纹；枝条上常有肿胀膨大的虫瘿，径达3厘米，干后变为褐色，冬季落叶后可以作为识别依据。

产于全省各山区。生于山地林中。

相似种：大叶朴【*Celtis koraiensis*，榆科 朴属】叶卵圆形，边缘有粗锯齿，顶端的锯齿特别长，呈尾状长尖③；果柄较叶柄长④。产地同上，比上种少见；生山坡林中。

黑弹树的叶先端不分裂；大叶朴的叶先端分裂，中间有一尾状长尖。

榆树 榆 家榆 白榆   榆科 榆属

Ulmus pumila

Siberian Elm | yúshù

　　落叶乔木；叶互生，椭圆状卵形或椭圆状披针形，长2~8厘米，两面无毛，侧脉9~16对，边缘多为单锯齿①；花先叶开放②，多数成簇状聚伞花序，生去年枝的叶腋；雄蕊紫黑色；花开放时不显著，常常未注意到开花即已结果；翅果近圆形或宽倒卵形①，长1.2~1.5厘米，无毛；种子位于翅果的中部或近上部；果实即俗称的"榆钱"，可食。

　　主产于全省各平原地区，山区也有分布。生于房前屋后、路旁、水边，或栽培于庭院。

　　相似种：大果榆【Ulmus macrocarpa，榆科 榆属】枝常具木栓质翅④；叶宽倒卵形④，两面被短硬毛，用手摸有明显的粗糙感；翅果两面和边缘被毛③。产全省各山区；生向阳山坡林中。

　　榆树常见于平原，果实较小，叶和果实均无毛；大果榆常见于山地，果实大，长2.5~3.5厘米，叶和果实均有毛。

春榆 白皮榆 日本榆   榆科 榆属

Ulmus davidiana var. japonica

Japanese Elm | chūnyú

　　落叶乔木；枝条有时具木栓质翅；叶互生，倒卵状椭圆形或椭圆形①，长3~9厘米，边缘具重锯齿，侧脉8~16对，叶两面均被毛，有时毛脱落而较平滑；花先叶开放，簇生于去年枝的叶腋；翅果长7~15毫米，无毛①；种子位于果实的上部，上端接近凹缺处。

　　产于鲁中南及胶东山区。生于山地林中。

　　相似种：黑榆【Ulmus davidiana，榆科 榆属】与春榆的区别为：果核部分有微毛②。产地同上，比上种少见；生境同上。**刺榆【Hemiptelea davidii，榆科 刺榆属】**小乔木或灌木，常有枝刺；叶缘具整齐的单锯齿③；坚果扁，上半部偏斜的翅④。主产胶东山区，鲁中南也有分布；生林中。

　　春榆和黑榆的果实为翅果，翅围绕果体一周；刺榆果实为带翅的坚果，翅围绕果体半周。

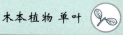

桑 桑树 桑科 桑属

Morus alba

White Mulberry │ sāng

落叶乔木，有乳汁；叶互生，卵形或宽卵形①，长5～20厘米，宽4～8厘米，边缘有粗锯齿①，不裂或不规则2～3裂，上面无毛，有光泽，下面几无毛；花单性，雌雄异株，均排成腋生穗状花序；雄花序早落，长10～20毫米，雌花序长5～10毫米；雄花花被片4，雄蕊4；雌花花被片4，结果时变肉质，柱头2裂，宿存；聚花果长10～25毫米，熟时红色或紫黑色②，俗称"桑葚"，可食。

产于全省各平原地区及山区，野生或栽培。生于村旁、山坡、林中。

相似种：蒙桑【*Morus mongolica*，桑科 桑属】叶不裂或3～5裂，边缘有粗锯齿，齿端有芒状刺尖④；雌雄花序均为穗状③；聚花果④，熟时紫黑色。产全省各山区；生山坡林中。

桑的叶缘锯齿圆钝，无刺尖；蒙桑的叶缘锯齿有芒状刺尖。

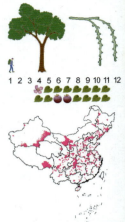

构树 曲马头 楮树 桑科 构属

Broussonetia papyrifera

Paper Mulberry │ gòushù

落叶乔木，有乳汁；叶互生，卵形或宽卵形，长7～20厘米，宽6～15厘米，不裂或不规则2～3裂（①右上），边缘有粗锯齿，上面有糙毛，下面密生柔毛，用手摸有明显的粗糙感；花单性，雌雄异株；雄花序穗状，下垂（①下），长6～8厘米；雌花序头状，球形（①上），雌花苞片棒状，花被管状，花柱侧生，丝状；聚花果球形，红色②，直径约3厘米，可食。

产于全省各平原地区及低山区，常见。生于村旁、房前屋后、路旁、山坡、林中。

相似种：柘【*Maclura tricuspidata*，桑科 柘属】常有枝刺；叶不裂或2～3裂；雌雄花序均为头状③；聚花果熟时橙红色④，可食，但味道不佳。产全省各山区；生向阳山坡林中。

构树的枝无刺，叶缘有锯齿，两面均被密毛，常伴人生长；柘的枝有刺，叶缘无锯齿，两面无毛，生于山区。

栓皮栎 软木栎 壳斗科 栎属
Quercus variabilis

Chinese Cork Oak ｜ shuānpí lì

　　落叶乔木；树皮黑褐色，木栓层发达，厚可达10厘米；叶长圆状披针形①，长8～15厘米，宽2～6厘米，边缘具芒状锯齿②，幼叶下面粉白色，密生星状细绒毛，老时毛宿存②，侧脉14～18对；壳斗杯形，包围坚果2/3以上，直径1.9～2.1厘米，高约1.5厘米；苞片钻形，反曲（①左下）；坚果球形至卵形，直径1.3～1.5厘米，长1.6～1.9厘米；果脐隆起。

　　产于鲁中南及胶东山区，常见。生于林中。

　　相似种：麻栎【**Quercus acutissima**，壳斗科 栎属】叶长椭圆状披针形③，边缘具芒状锯齿，幼时有短绒毛，老后下面无毛④；苞片反曲，坚果卵形。产地同上；生境同上。

　　栓皮栎的老叶下面灰白色，明显有毛；麻栎的老叶下面几无毛，叶两面均为绿色。

槲树 柞栎 壳斗科 栎属
Quercus dentata

Daimyo Oak ｜ húshù

　　落叶乔木；小枝有灰黄色星状柔毛；叶倒卵形①②，长10～30厘米，宽6～20厘米，先端钝，边缘有4～10对波状齿①，幼时有毛，老时仅下面有灰色柔毛和星状毛，侧脉4～10对；叶柄极短，长2～5毫米；雄花序为柔荑状①；壳斗杯形，包围坚果1/2，直径1.5～1.8厘米，高约8毫米；苞片狭披针形，反卷，红棕色②；坚果卵形至宽卵形，直径约1.5厘米，长1.5～2厘米。

　　产于全省各山区，常见。生于山地林中。

　　相似种：短柄枹栎【**Quercus serrata var. brevipetiolata**，壳斗科 栎属】叶多簇生枝顶；叶缘有粗锯齿，齿端腺体状③；叶柄极短。产胶东山区；生境同上。**槲栎**【**Quercus aliena**，壳斗科 栎属】叶缘有波状钝齿；叶柄长1～3厘米④。产鲁中南及胶东山区，较少见；生境同上。

　　槲树叶极大，苞片长而反卷，其余二种苞片小；槲栎有明显叶柄，其余二种叶柄极短。

榛　榛子 平榛　桦木科 榛属

Corylus heterophylla

Siberian Hazelnut | zhēn

　　灌木或小乔木；叶卵圆形至宽倒卵形，长4～13厘米，先端骤尖，基部心形，边缘有不规则重锯齿，并在中部以上（特别是先端）常有小浅裂①，上面几无毛，下面沿脉有短柔毛，侧脉3～5对；花1～6个簇生；总苞由1～2个苞片形成钟状（②左），外面密生短柔毛和刺毛状腺体，上部浅裂，裂片三角形，几全缘；果序柄长约1.5厘米；坚果球形（②右），直径7～15毫米。

　　产于鲁中南和胶东山区。生于沟谷林缘。

　　相似种：毛榛【*Corylus mandshurica*，桦木科榛属】果2～6个簇生；总苞管状，在坚果以上缢缩③，外面密生黄色刚毛和白色短柔毛④，上部浅裂；坚果密生绒毛。产胶东山区；生境同上。

　　榛的果苞钟状，稍长于果实；毛榛的果苞管状，远长于果实，上部缢缩。

鹅耳枥　桦木科 鹅耳枥属

Carpinus turczaninowii

Turczaninow's Hornbeam | é'ěrlì

　　乔木；叶卵形或卵状菱形②，长2.5～5厘米，下面沿脉通常被柔毛，侧脉8～12对；叶柄长4～10毫米；托叶条形；花先叶开放，雌花生于苞片内，柱头外露①，雄花序为柔荑花序，雄蕊红色①；果序长3～5厘米；果苞宽半卵形至卵形，长6～20毫米，先端急尖或钝，基部有短柄，外缘具不规则缺刻状粗锯齿或2～3个深裂片②；小坚果卵形。

　　产于全省各山区。生于山地林中。

　　相似种：千金榆【*Carpinus cordata*，桦木科鹅耳枥属】叶长圆形至矩圆状卵形③，基部偏斜，边缘具不规则刺毛状重锯齿④；果苞覆瓦状排列④。产胶东山区；生沟谷林中。

　　鹅耳枥的叶较小，卵形，果序较短，果苞排列较疏松；千金榆的叶较大，长圆形，果序较长，果苞覆瓦状排列。

坚桦 杵榆 桦木科 桦木属
Betula chinensis
Chinese Birch | jiānhuà

灌木或小乔木；叶卵形或长卵形①②，长1.5~5.5厘米，先端急尖或钝，边缘有不规则骤尖重锯齿②，侧脉8~10对；叶柄长4~10毫米；果序单生，椭圆形或球形②，长1~1.7厘米，果序柄极短；果苞长5~9毫米，中裂片披针形，长为侧裂片的3~4倍③；果卵形，长约3毫米，翅极窄③。

产于鲁中南及胶东山区。生于山地林中。

相似种：日本桤木【*Alnus japonica*，桦木科 桤木属】乔木；叶互生，倒卵形④，边缘具疏锯齿；果序矩圆形④，果苞木质，排列紧密，小坚果卵形。产崂山、蒙山等地；生林中。

坚桦的叶缘为重锯齿，果苞革质，裂片向外伸出；日本桤木的叶缘为单锯齿，果苞木质，排列紧密，裂片不伸出。

1 2 3 4 5 6 7 8 9 10 11 12

水榆花楸 水榆 蔷薇科 花楸属
Sorbus alnifolia
Korean Mountain Ash | shuǐyúhuāqiū

乔木；叶卵形至椭圆状卵形，长5~10厘米，宽3~6厘米，边缘有不整齐的尖锐重锯齿，上部有微浅裂②，两面无毛或疏生短柔毛；叶柄长1.5~3厘米，无毛或微具疏柔毛；复伞房花序有花6~25朵，总花梗和花梗有稀疏柔毛；花白色①；果实椭圆形或卵形，直径7~10毫米，熟时红色②，萼裂片在果期脱落。

产于鲁中南及胶东山区。生于山地林中。

相似种：辽东桤木【*Alnus hirsuta*，桦木科 桤木属】乔木；叶互生，近圆形，有时卵形，长4~9厘米，宽2.5~9厘米，边缘具波状缺刻，缺刻间具不规则的粗锯齿③④；果序矩圆形或近球形③④。产鲁中南及胶东山区；生沟谷林中。

水榆花楸的叶缘为重锯齿，辽东桤木的叶缘为缺刻和粗锯齿；二者叶形相似，但花果截然不同。

1 2 3 4 5 6 7 8 9 10 11 12

毛白杨 杨树 杨柳科 杨属
Populus tomentosa
Chinese White Poplar │ máobáiyáng

乔木；树皮灰白色，老时深灰色，纵裂；冬芽
卵形；长枝的叶质硬，三角状卵形②，长10~15厘
米，宽8~12厘米，先端渐尖，基部心形或截形，
有深波状牙齿②，下面密生灰色毡毛，后逐渐脱
落；叶柄长2.5~5.5厘米；短枝的叶较小，卵形或
三角状卵形；雄花序长10厘米，苞片深裂，雄蕊
8；雌花序长4~7厘米①；蒴果长卵形，2裂。

产于全省各地，栽培或呈半野生状态。生于沟
谷、溪边，或为行道树。

**相似种：山杨【*Populus davidiana*，杨柳科 杨
属】**叶三角状圆形，长宽近相等，边缘有波状钝齿
③。产鲁中南及胶东山区；生林中。

毛白杨的叶缘有深波状牙齿，叶背有灰色毡
毛，后逐渐脱落；山杨的叶缘有浅波状牙齿，叶仅
被微毛。

加杨 加拿大杨 杨柳科 杨属
Populus × canadensis
Carolina Poplar │ jiāyáng

乔木；树皮灰绿色，老时纵裂；小枝近圆柱形
或微有棱，黄棕色，无毛或稀有短柔毛；冬芽大，
圆锥形；叶三角状卵形③，长宽约6~20厘米，先
端渐尖，基部截形，边缘有圆钝锯齿，无毛；叶
柄扁；雌雄异株；雄花序长约7厘米，无毛，雄
蕊15~25，花药紫红色②；雌花序绿色①，有花
45~50朵；果序长达27厘米。

本种为原产欧洲的杂交种，全省各地广泛栽
培。生于路旁、林中。

**相似种：小叶杨【*Populus simonii*，杨柳科 杨
属】**叶菱状倒卵形④，中部以上较宽，先端渐尖，
边缘有小钝齿；花先叶开放；果序长达15厘米。产
全省各山区；生山地、沟谷。

加杨的叶三角状卵形，较宽；小叶杨的叶菱状
倒卵形，较窄。

木本植物 单叶

旱柳 柳树 杨柳科 柳属

Salix matsudana

Corkscrew Willow │ hànliǔ

乔木；小枝直立或开展，黄色，后变褐色，微有柔毛或无毛；叶披针形①，长5~10厘米，边缘有明显锯齿，上面有光泽，下面苍白色；叶柄长2~8毫米；花叶同放，花序直立，苞片卵形，外面有白色短柔毛，腺体2；雄花序长1~1.5厘米②，雄蕊2，花丝基部有疏柔毛；雌花序长1~2厘米①，子房长椭圆形，无花柱或很短；蒴果2瓣裂。

产于全省各平原地区，尤以黄河沿岸为多。生于路旁、水边，或栽培。

相似种：垂柳【*Salix babylonica*，杨柳科 柳属】 小枝细长，下垂③④；叶狭披针形或条状披针形，长9~16厘米，边缘有细锯齿；雄花序（④）长1.5~2.5厘米，苞片有腺体2；雌花序（③）长2~3厘米，苞片有腺体1。产全省各平原地区，常为栽培；生路旁，或植于庭院。

旱柳的枝条直立，叶为披针形，稍宽；垂柳的枝条下垂，叶为狭披针形，较窄。

白棠子树 马鞭草科 紫珠属

Callicarpa dichotoma

Purple Beautyberry │ báitángzishù

灌木；小枝带紫红色，略有星状毛；叶对生，倒卵形①，长3~7厘米，宽1~2.5厘米，顶端急尖，基部楔形，边缘上半部疏生锯齿，两面无毛，下面有黄色腺点；聚伞花序腋生，二歧分枝①，总花梗长为叶柄的3~4倍，苞片条形；花萼杯状，顶端有不明显的裂齿；花冠紫红色②，裂片4②，无毛；雄蕊4，药室纵裂；花柱伸出花冠外；果实球形，成熟紫色③④。

产于鲁中南及胶东山区，尤以胶东为多。生于山地林缘、灌丛中。

白棠子树的叶对生，边缘疏生锯齿；花序二歧分枝，花小而多，紫色，花冠4裂；果实熟时紫色，故又名"紫珠"。

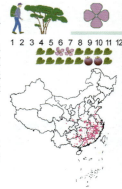

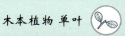

毛梾 车梁木　山茱萸科　山茱萸属

Cornus walteri

Walter's Dogwood　|　máolái

乔木；叶对生，椭圆形至长椭圆形①，长4～10厘米，宽2.7～4.4厘米，顶端渐尖，基部楔形，上面具贴伏的柔毛，下面密生贴伏的短柔毛，侧脉4～5对，弧形①；叶柄长0.9～3厘米；伞房状聚伞花序顶生，长5厘米；花白色②；萼齿三角形；花瓣披针形；雄蕊4②，稍长于花瓣；子房下位；核果球形，熟时黑色，径约6毫米。

产于全省各山区，尤以鲁中南为多。生于山地林中。

相似种：白杜【*Euonymus maackii*，卫矛科　卫矛属】叶卵形至宽披针形③；花瓣白绿色，花盘肥大（③右下）；蒴果上部4裂④。主产鲁中南山区；生山地林缘。

二者的花均为白色，4数；毛梾为大乔木，叶脉弧形，花小而密集；白杜为小乔木，叶脉直，花大，在花序上排列较疏松。

卫矛 鬼箭羽　卫矛科　卫矛属

Euonymus alatus

Burningbush　|　wèimáo

灌木；小枝四棱形，老枝上常生有扁条状木栓翅（②左下），翅宽达1厘米；叶对生，倒卵形或椭圆形①，长2～6厘米，宽1.5～3.5厘米；叶柄极短或近无柄；聚伞花序有3～9花，总花梗长1～1.5厘米；花淡绿色，4数（①右下），花盘肥厚方形，雄蕊具短花丝；蒴果4深裂，裂瓣长卵形，棕色；种子每裂瓣1～2，棕色，有橙红色假种皮②。

产于全省各山区。生于山地林缘。

相似种：垂丝卫矛【*Euonymus oxyphyllus*，卫矛科　卫矛属】叶椭圆形；聚伞花序有7～20花；花淡绿色，5数③；蒴果近球形，果序梗细长下垂④。产鲁中南及胶东山区；生境同上。

卫矛的老枝常有木栓翅，花4数，果序不下垂；垂丝卫矛枝条无木栓翅，花5数，果序下垂。

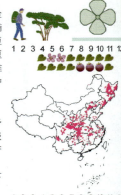

卵叶鼠李　鼠李科　鼠李属
Rhamnus bungeana
Bunge's Buckthorn　|　luǎnyèshǔlǐ

　　小灌木；小枝对生或近对生，枝端具紫红色针刺；叶对生或近对生，纸质，卵形或卵状披针形②，长1～4厘米，宽0.5～2厘米，边缘具细圆齿，上面无毛，下面沿脉腋被白色短柔毛；叶柄长5～12毫米；花先叶开放，黄绿色，花瓣4，单性，雌雄异株；花梗长约2～3毫米；雌花的花柱2裂（①左）；雄花有雄蕊4（①右）；核果倒卵状球形②，直径5～6毫米，具2分核，成熟时紫色或黑紫色③。

　　产于全省各山区，尤以鲁中南为多。生于山坡灌丛中。

　　相似种：小叶鼠李【*Rhamnus parvifolia***，鼠李科　鼠李属】**叶纸质，倒卵形或菱状卵圆形④，边缘有钝锯齿。产全省各山区；生境同上。

　　卵叶鼠李的叶为卵形；小叶鼠李的叶为倒卵形；前者常常被误定为后者。

锐齿鼠李　牛李子　鼠李科　鼠李属
Rhamnus arguta
Sharp-tooth Buckthorn　|　ruìchǐshǔlǐ

　　灌木；小枝对生或近对生，枝端有短刺，幼枝红褐色；叶对生或近对生②，或丛生于短枝顶端，卵形或卵圆形，长3～6厘米，宽1～4厘米，先端钝或突尖，基部近圆形，边缘芒状锐锯齿②，两面无毛；叶柄长2～2.5厘米；花单性异株，数朵簇生，黄绿色①；花萼4裂，花瓣4，雄蕊4；核果球形②，成熟时黑色，有2～4个核；种子倒卵形，背面有长达种子全长4/5的狭纵沟。

　　产于全省各山区。生于山地灌丛中。

　　相似种：朝鲜鼠李【*Rhamnus koraiensis***，鼠李科　鼠李属】**枝互生，先端具刺针；叶互生③，卵形，边缘有圆齿状锯齿；核果成熟时紫黑色④。产胶东山区；生境同上。

　　锐齿鼠李的小枝和叶对生或近对生，叶缘有锐锯齿；朝鲜鼠李则为互生，叶缘非锐锯齿。

芫花　药鱼草　瑞香科　瑞香属
Daphne genkwa
Lilac Daphne　│　yuánhuā

　　落叶灌木，多分枝；叶对生，纸质，椭圆状矩圆形至矩状披针形，长3～4厘米，宽1～2厘米；花先叶开放，淡紫色，数朵簇生①；花萼筒状，筒部长6～10毫米，外面被绢状毛，裂片4（②上），顶端圆形；无花冠；雄蕊8，2轮，分别着生于花萼筒的上部及中部（②下），花丝短；花盘环状；子房卵形，密被淡黄色柔毛；果实肉质，白色。

　　产于鲁中南及胶东山区。生于山地灌丛中。

　　相似种：巧玲花【*Syringa pubescens*，木樨科　丁香属】 叶卵圆形，下面沿脉被柔毛（③下）；花冠紫色或淡紫色④；雄蕊2，着生于花冠筒中部；蒴果表面有疣状突起（③上）。产鲁中南山区；生林缘、灌丛中。

　　芫花于早春先叶开花，显著部分为花萼，花冠退化，雄蕊8；巧玲花在生叶后开花，显著部分为花冠，花萼短小，雄蕊2。

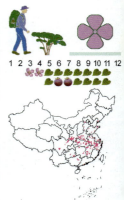

牛奶子　麦粒子　甜枣　胡颓子科　胡颓子属
Elaeagnus umbellata
Autumn Olive　│　niúnǎizǐ

　　落叶灌木；枝有刺，幼枝被银白色鳞片；叶椭圆形至披针形②，长3～8厘米，宽1～3厘米，全缘，上面疏被鳞片①，下面密被银白色鳞片，散生少量褐色鳞片；花黄白色，数朵簇生，密被银白色鳞片；花瓣4裂，萼筒漏斗形，长5～7毫米，裂片卵状三角形，长2～4毫米；雄蕊4，柱头侧生；果实球形，径5～7毫米，熟时红色②，味甜。

　　产于全省各山区。生于山地林缘、湿润处。

　　相似种：辽东水蜡树【*Ligustrum obtusifolium* subsp. *suave*，木樨科　女贞属】 叶椭圆形；花冠白色③，4裂，雄蕊2；核果宽椭圆形④，熟时黑色。产胶东山区；生山地林缘、灌丛中。

　　牛奶子全株被鳞片，叶互生，花的显著部分为花萼，雄蕊4；辽东水蜡树的叶对生，花的显著部分为花冠，雄蕊2。

连翘　木樨科 连翘属

Forsythia suspensa

Weeping Forsythia ｜ liánqiáo

灌木，茎直立，中空，多分枝，枝条通常下垂①；叶对生，卵形、宽卵形或椭圆状卵形④，长3～10厘米，宽2～5厘米，无毛或有柔毛，顶端锐尖，基部圆形至宽楔形，边缘除基部以外有粗锯齿，一部分形成羽状三出复叶；花先叶开放，黄色②，长宽各约2.5厘米，通常单生于叶腋；花萼裂片4，矩圆形，有睫毛，长6～7毫米，和花冠筒略等长；花冠裂片4③，倒卵状椭圆形；雄蕊2，着生在花冠筒基部；蒴果卵球形，二室，长约15毫米，基部略狭，表面散生瘤点④，成熟时开裂。

产于全省各山区。生于山地林缘、灌丛中。

连翘的枝条中空，叶有单叶或三出复叶，花早春开放，是山东石灰岩山地常见的灌木，民间常误称为"迎春"，实际上迎春 *Jasminum nudiflorum* 为本科另一属的植物，在山东仅有栽培，无野生者。

君迁子　黑枣 软枣　柿树科 柿属

Diospyros lotus

Date Plum ｜ jūnqiānzǐ

乔木；叶椭圆形至矩圆形②，长6～12厘米，宽3.5～5.5厘米，上面密生柔毛，后脱落，下面近白色；花单性或杂性异株；花萼密生柔毛，4裂；花冠壶形，淡黄色或带红色①，4裂，裂片近圆形；雄花簇生叶腋，黄白色至淡红色，4数或5数（①右上）；雌花单生，4数（①左下）；浆果球形，直径1～1.5厘米，熟时淡黄色②，后变蓝黑色，有白蜡层，可食。

产于全省各山区。生于山地林中。

相似种：猫乳【*Rhamnella franguloides*，鼠李科猫乳属】叶互生，倒卵状长椭圆形③，边缘有细锯齿；花绿色，5数；核果长6～8毫米，橙红色④，成熟时黑色，内有1核。主产胶东山区；生境同上。

君迁子的叶全缘，浆果，球形，较大；猫乳的叶边缘有细锯齿，核果，长椭圆形，较小。

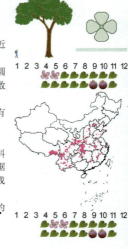

雀儿舌头 雀舌木 黑钩叶 大戟科 雀舌木属

Leptopus chinensis

Chinese Maidenbush | quèrshétou

小灌木；叶卵形至披针形①②，长1～4.5厘米，宽0.4～2厘米；叶柄纤细，长2～8毫米；花小，单性①，雌雄同株，单生或2～4朵簇生于叶腋，萼片5，基部合生；雄花花瓣5，白色，腺体5，顶端2裂；雄蕊5（①右下）；雌花的花瓣较小；子房3室，无毛，花柱3，2裂①；蒴果球形或扁球形，直径约6毫米，下垂②。

产于全省各山区，常见。生于山地林缘、林下、灌丛中。

相似种：一叶萩【*Flueggea suffruticosa***，大戟科白饭树属】**叶椭圆形或矩圆形③④；花小，单性，雌雄异株（③左下为雌花，中下为雄花，右下为果实），簇生叶腋；蒴果三棱状扁球形，常单个生于叶腋，下垂④，故又名"叶底珠"。产鲁中南及胶东山区；生山地林缘、灌丛中。

雀儿舌头的叶卵形，较窄；一叶萩的叶椭圆形或矩圆形，较宽。

刺楸 五加科 刺楸属

Kalopanax septemlobus

Castor Aralia | cìqiū

落叶乔木，树皮暗灰棕色，小枝淡棕色，散生粗刺④，刺基部扁平，长5～6毫米；叶纸质，在长枝上互生，在短枝上簇生，直径9～25厘米或更大，掌状5～7裂①，裂片宽三角状卵形或长椭圆状卵形，先端渐尖，边缘有细锯齿，上面无毛，下面幼时有短柔毛；伞形花序聚集为顶生的伞房状圆锥花序①，长15～25厘米，伞形花序直径1～2.5厘米，有花多数；花白色或淡黄绿色②；萼无毛，长约1毫米，边缘有5小齿；花瓣5，三角状卵形，长约1.5毫米；雄蕊5，花丝长3～4毫米；子房下位，2室；花柱2，合生成柱状，先端分离；果实幼时扁球形③，成熟时球形，蓝黑色，直径约5毫米，宿存花柱长2毫米。

主产于蒙山及胶东山区。生于林中。

刺楸的树干和小枝有刺，叶掌状5～7裂，花序大型，白色或淡黄绿色，果实球形。

元宝槭　平基槭　槭树科　槭属
Acer truncatum

Purple Blow Maple ｜ yuánbǎoqì

1 2 3 4 5 6 7 8 9 10 11 12

落叶乔木；单叶对生，纸质，常5裂①，长5～10厘米，宽8～12厘米，基部截形，有时近于心形，全缘，裂片三角形，裂片间缺刻成锐角，主脉5条，掌状；叶柄长3～5厘米；伞房花序顶生；花黄绿色，杂性，雄花与两性花同株；萼片5，黄绿色；花瓣5，黄色②，矩圆状倒卵形；雄蕊8，着生于花盘内侧边缘上，花盘微裂；果实为双翅果，翅矩圆形，常与果体等长，张开成钝角①；叶秋季变红，为"红叶"植物的重要组成部分。产于鲁中南及胶东山区。生于山地林中。

相似种：茶条槭【*Acer tataricum* subsp. *ginnala*，槭树科　槭属】叶卵形，羽状3～5裂③，边缘具不整齐疏锯齿；果翅直立，张开成锐角④。产胶东山区；生山地林中。

元宝槭的叶为五角形，掌裂，果翅张开成钝角；茶条槭的叶卵形，羽裂，果翅张开成锐角。

1 2 3 4 5 6 7 8 9 10 11 12

毛黄栌　漆树科　黄栌属
Cotinus coggygria var. *pubescens*

European Smoketree ｜ máohuánglú

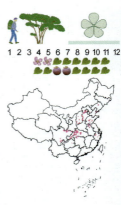

1 2 3 4 5 6 7 8 9 10 11 12

落叶灌木；小枝有短柔毛；叶卵圆形或倒卵形①，揉碎有特殊的强烈气味，长5～7厘米，宽4～6厘米，先端圆形或微凹，基部圆形或阔楔形，全缘，两面尤其叶背显著被灰色柔毛，侧脉6～11对；叶柄短；圆锥花序被柔毛，花杂性，径约3毫米；花梗长7～10毫米；花萼无毛，裂片卵状三角形，长约1.2毫米，宽约0.8毫米；花瓣卵形，黄绿色②，长2～2.5毫米，宽约1毫米，无毛；雄蕊5，长约1.5毫米，花药卵形，与花丝等长；花盘5裂，紫褐色；子房近球形，花柱3，分离，不等长；花期过后，不育花的花梗伸长，生红色长柔毛③；果肾形④，长约4.5毫米，宽约2.5毫米，无毛。

产于全省各山区。生于山地林缘、林中。

黄栌的叶卵圆形，单叶互生，花后不育花的花梗生红毛，全株有特殊气味，叶秋季变红，与元宝槭同为"红叶"植物的重要组成部分。

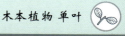

酸枣　棘　鼠李科 枣属
Ziziphus jujuba var. *spinosa*
Spine Jujube ｜ suānzǎo

灌木或小乔木；小枝紫红色或灰褐色，呈之字形曲折，有两个托叶刺，长刺可达3厘米，粗直，短刺下弯，长4～6毫米；叶纸质，卵形或卵状椭圆形①，长2～3.5厘米，宽0.6～1.2厘米，边缘有细锯齿，基出三脉①；叶柄长1～6毫米；花黄绿色，两性，5基数②，无毛，2～3朵簇生叶腋；萼片卵状三角形；花瓣倒卵圆形，基部有爪，与雄蕊等长，花盘厚，肉质，圆形，5裂；子房下部与花盘合生；核果近球形或短矩圆形，径0.7～1.2厘米，熟时红褐色③④，味酸，中果皮薄，核两端钝。

产于全省各山区，为山东干旱山地的优势植物，与荆条并称"荆棘"。生于山地灌丛中。

酸枣的叶卵形，基出三脉，花黄绿色，花期时花蜜味道极浓，果实短矩圆形或近球形，可食；小枝呈之字形弯曲，有刺，冬季落叶后极易识别。

紫椴　籽椴　椴树科 椴树属
Tilia amurensis
Amur Linden ｜ zǐ duàn

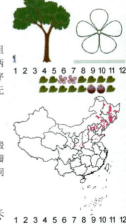

乔木；叶宽卵形或近圆形①，长3.5～8厘米，宽3.4～7.5厘米，先端尾状，基部心形，边缘具粗锯齿①，下面脉腋处簇生褐色毛，余处无毛；叶柄长2.5～3厘米，无毛；聚伞花序长4～8厘米，花序轴无毛；苞片匙形或近矩圆形①，长4～5厘米，无毛，具短柄；萼片5，花瓣5，白色①；雄蕊多数；果近球形或矩圆形②，被星状茸毛。

产于鲁中南及胶东山区。生于林中。

相似种：辽椴【*Tilia mandshurica*，椴树科 椴树属】叶近圆形③，下面密被灰白色星状毛；花瓣黄色（③右下）；果球形，被黄褐色绒毛④。产地同上，数量较少；生境同上。

匙状苞片为椴树属的标志特征；紫椴叶较小，几无毛，花白色，果实疏被毛；辽椴叶较大，长8～19厘米，背面密被毛，花黄色，果实密被毛。

大花溲疏

虎耳草科 溲疏属

Deutzia grandiflora

Large-flower Pride-of-Rochester | dàhuāsōushū

灌木；小枝有星状柔毛；叶对生，有短柄；叶片卵形①，长2～5厘米，宽1～2.3厘米，基部圆形，边缘具小牙齿，上面散生星状毛，具3～6条辐射线，下面密被白色星状短绒毛，具6～12条辐射线；聚伞花序生侧枝顶端，有1至3花①；萼筒密生星状毛，裂片5，条形；花瓣5，白色②，矩圆形或狭倒卵形；雄蕊10，花丝上部有2长齿②；子房下位，花柱3；蒴果半球形，直径4～5毫米。

产于全省各山区。生于山地灌丛中。

相似种：光萼溲疏【*Deutzia glabrata*，虎耳草科 溲疏属】叶矩圆形③，边缘有锯齿，两面几无毛；花序伞房状；雄蕊花丝无齿④。产胶东山区；生灌丛中。

大花溲疏的叶两面被星状毛，花序有1至3花，花丝有齿；光萼溲疏的叶几无毛，花序多花，花丝无齿。

华蔓茶藨子

华茶藨 大蔓茶藨 虎耳草科 茶藨子属

Ribes fasciculatum var. *chinense*

Chinese Winterberry Currant | huámànchábiāozi

灌木；老枝紫褐色，常剥落，小枝灰绿色；叶圆形，宽4～10厘米，基部截形或稍心脏形，3～5裂①，裂片阔卵形，两面疏生柔毛；花簇生，雌雄异株；雄花4～9朵，雌花2～4朵；花萼黄色①，杯形，有香气，外面无毛，萼筒杯形，长2～3毫米，萼片卵圆形，花期反折；花瓣近圆形，较小；果实近球形②，熟时红褐色。

产于胶东山区。生于山地灌丛中。

相似种：东北茶藨子【*Ribes mandshuricum*，虎耳草科 茶藨子属】叶掌状3～5裂③；总状花序有花数十朵④；萼片反卷，黄绿色④；浆果球形，熟时红色。产鲁中南及胶东山区；生境同上。

华蔓茶藨子的花簇生，单性，黄色；东北茶藨子的花序总状，花两性，黄绿色。

三裂绣线菊　蔷薇科 绣线菊属

Spiraea trilobata

Asian Meadowsweet ｜ sānlièxiùxiànjú

灌木①：小枝褐色，无毛；叶片近圆形，长1.7～3厘米，宽1.5～3厘米，先端钝，常三裂②，基部圆形或楔形，边缘自中部以上具少数圆钝锯齿②，两面无毛，基部具显著3～5脉；伞房花序，具总花梗，花15～30朵；花白色②；萼筒钟状，外面无毛，裂片三角形；花瓣宽倒卵形；雄蕊18～20，较花瓣短；果实为蓇葖果。

产于鲁中南及胶东山区。生于山地林缘。

相似种：土庄绣线菊【*Spiraea pubescens*，蔷薇科 绣线菊属】叶菱状卵形至椭圆形④，边缘自中部以上具深锯齿，有时微3裂，上面被疏柔毛，下面被短柔毛（③右上）；花白色④。产鲁中南及胶东的高海拔山区；生境同上。

三裂绣线菊的叶近圆形，3裂，两面无毛；土庄绣线菊的叶菱状卵形，上部不裂或微3裂，两面有毛，尤以背面为多。

华北绣线菊　蔷薇科 绣线菊属

Spiraea fritschiana

Fritsch's Spirea ｜ huáběixiùxiànjú

灌木；小枝具明显棱角，紫褐色至浅褐色；叶片卵形、椭圆卵形或椭圆矩圆形①，长3～8厘米，宽1.5～3.5厘米，先端急尖或渐尖，基部宽楔形，边缘具不整齐重锯齿或单锯齿①，上面无毛，下面具短柔毛，叶柄长2～5毫米；复伞房花序生于当年生枝的顶端①，无毛，花白色②；蓇葖果近直立，萼裂片常反折。

产于鲁中南及胶东山区。生于山地林缘。

相似种：小米空木【*Stephanandra incisa*，蔷薇科 小米空木属】小枝细弱，弯曲；叶卵形，先端尾尖，边缘常深裂，有4～5对裂片及重锯齿③；圆锥花序顶生③，花白色。主产胶东山区，沂蒙山区也有；生山地灌丛中。

华北绣线菊的叶不裂，复伞房花序，花密集；小米空木的叶羽裂，圆锥花序，花疏松。

桃　蔷薇科 桃属

Amygdalus persica

Peach ｜ táo

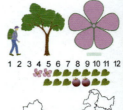

小乔木；叶卵状披针形①，长8～12厘米，宽3～4厘米，边缘有细密锯齿，两面无毛或下面脉腋间有簇毛，叶柄长1～2厘米，无毛，有腺点；花单生，先叶开放，近无柄；萼筒钟状，有短柔毛②，裂片卵形；花瓣粉红色①，倒卵形或矩圆状卵形；雄蕊多数，离生，短于花瓣；心皮1，有毛；核果卵球形，直径5～7厘米，有沟，被绒毛，果肉多汁，果核表面具沟孔和皱纹。

产于全省各山区，各地也有栽培。生于山地林缘、林中。

相似种：山桃【*Amygdalus davidiana*，蔷薇科桃属】叶卵状披针形；花先叶开放；萼筒无毛③；花瓣粉红色③，有时白色；核果球形④。产全省各山区，比上种少见；生山地林中。

桃为小乔木，花较大，径2.5～3.5厘米，萼筒有毛；山桃为大乔木，花较小，径1.5～2.5厘米，萼筒无毛。

杏　蔷薇科 杏属

Armeniaca vulgaris

Apricot ｜ xìng

乔木；叶卵形或近圆形②，长5～9厘米，宽4～8厘米，先端有短尖头或渐尖，基部圆形或渐狭，边缘有圆钝锯齿，两面无毛或在下面叶脉交叉处有簇毛；叶柄常带红色，长2～3厘米，近顶端有2腺体；花单生，先叶开放，无梗或有极短梗；萼筒红色，萼裂片5，卵形或椭圆形，花后反折；花瓣圆形至倒卵形，初开时带红色，后变白色①；雄蕊多数；心皮1，有短柔毛；核果球形，黄白色或黄红色②，常有红晕，微生短柔毛或无毛，成熟时不开裂，有沟，果肉多汁，核平滑，沿腹缝有沟；种子扁圆形，味苦或甜。

产于全省各山区。生于山地林中。

相似种：野杏【*Armeniaca vulgaris* var. *ansu*，蔷薇科杏属】叶片基部楔形；花常2～3朵并生③④，淡红色或白色；果实近球形，红色。产地同上；生境同上。

杏的花单生；野杏的花2～3朵并生。

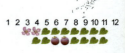

湖北海棠 野海棠 蔷薇科 苹果属
Malus hupehensis
Chinese Crab Apple │ húběihǎitáng

乔木；小枝紫色至紫褐色；叶片卵形至卵状椭圆形②，长5～10厘米，宽2.5～4厘米，边缘有细锐锯齿，初疏生短柔毛，后脱落；伞房花序，有花4～6朵，花梗长3～5厘米，无毛；花淡粉色或近白色①，直径3.5～4厘米，萼裂片三角状卵形，与萼筒近等长；花瓣倒卵形；雄蕊20；花柱3，稀4；果实近球形②，径约1厘米，萼裂片脱落。

产于鲁中南及胶东山区。生于山地林中。

相似种：三叶海棠【*Malus sieboldii***，蔷薇科 苹果属】**叶片椭圆形或卵形，边缘有尖锐锯齿，不裂或3～5浅裂④；花粉红色或白色③；果实近球形，熟时红色④。产胶东山区；生林中。

湖北海棠的叶不裂；三叶海棠的叶不裂或3～5裂，花期叶多不裂，果期裂叶较多。

稠李 蔷薇科 稠李属
Padus avium
European Bird Cherry │ chóulǐ

乔木；叶椭圆形、倒卵形或矩圆状倒卵形①②，长6～14厘米，宽3～7厘米，边缘有锐锯齿，上面深绿色，下面灰绿色，无毛或仅下面脉腋间有丛毛；叶柄长1～1.5厘米，近顶端有2腺体；花序总状①，花梗长7～13毫米，总花梗和花梗无毛；花萼筒杯状，无毛，裂片卵形，花后反折；花瓣白色（①右下），倒卵形；雄蕊多数，比花瓣短；核果球形，直径6～8毫米，熟时黑色②。

主产于胶东山区。生于山地林中。

相似种：杜梨【*Pyrus betulifolia***，蔷薇科 梨属】**枝常有刺；幼枝、幼叶、花梗及萼筒均有灰白色绒毛③；叶菱状卵形，边缘有锐锯齿；花白色③；果实褐色，有淡色斑点④。产全省各山区；生境同上。

稠李的叶椭圆形或倒卵形，总状花序，花药黄色，果实为核果，黑色；杜梨的叶菱状卵形，伞房花序，花药紫色，果实为梨果，褐色。

毛叶山樱花   蔷薇科 樱属

Cerasus serrulata var. *pubescens*

Hairy-leaf Japanese Flowering Cherry | máoyèshānyīnghuā

乔木；叶卵形、矩圆状倒卵形或椭圆形②，长4～9厘米，宽3～5厘米，边缘有微带刺芒的锯齿，两面被短柔毛；叶柄长1～1.5厘米，被毛，有2～4腺体；伞房花序；花梗被毛，苞片边缘有腺齿；花瓣白色或粉红色①，倒卵形，先端凹；雄蕊多数；心皮1，无毛；核果球形，无沟，径6～8毫米，成熟时黑色②。

产于胶东山区。生于山地林中；原变种山樱花叶柄、花梗无毛，与毛叶山樱花混生。

相似种：毛樱桃【*Cerasus tomentosa*，蔷薇科 樱属】 叶倒卵形，上面有皱纹，下面密生绒毛；萼筒长筒状③；花瓣白色或粉红色③；核果熟时红色④。产地同上；生山坡、沟谷。

毛叶山樱花的叶被毛较少，花有长梗，萼筒钟状，果熟时黑色；毛樱桃的叶被毛较多，上面有皱纹，花无梗，萼筒长筒状，果熟时红色。

欧李   蔷薇科 樱属

Cerasus humilis

Chinese Dwarf Cherry | ōulǐ

矮小灌木②；叶矩圆状倒卵形①，长2.5～5厘米，宽1～2厘米，先端急尖或短渐尖，基部宽楔形，边缘有细密锯齿，无毛；花先叶开放或与叶同时开放，1～2朵生于叶腋，花梗长约1厘米；萼筒钟状，裂片长卵形，花后反折；花瓣白色或带粉红色①；雄蕊多数，离生；核果近球形，无沟，径约1.5厘米，熟时红色。

产于鲁中南及胶东山区。生于林缘、灌丛中。

相似种：郁李【*Cerasus japonica*，蔷薇科 樱属】 叶卵形，先端长尾状，边缘有尖锐重锯齿；花瓣粉红色或近白色③；核果熟时红色，光滑而有光泽④。主产胶东山区；生林缘、灌丛中。

欧李为矮小灌木，叶最宽处在中部以上，边缘有细密单锯齿或重锯齿；郁李植株稍高大，叶最宽处在中部以下，边缘为尖锐重锯齿。

牛叠肚 山楂叶悬钩子 蔷薇科 悬钩子属
Rubus crataegifolius
Hawthorn-leaf Raspberry | niúdiédǔ

　　灌木；小枝、叶柄、叶脉上均有钩状皮刺；单叶互生，宽卵形，长5～10厘米，3～5掌状浅裂①②，基部心形或截形，花枝上的叶较小，3裂，各裂片卵形或矩圆状卵形，先端渐尖，边缘有不整齐粗锯齿，下面沿叶脉有柔毛；叶柄长2～4.5厘米；花2～6朵丛生；花梗长5～10毫米；花瓣5，白色（①右下），直径1～1.5厘米；雄蕊多数；聚合果近球形，径约1厘米，成熟时红色②，可食。

　　产于鲁中南及胶东山区。生于山地灌丛中。

　　相似种：山楂【*Crataegus pinnatifida*，蔷薇科山楂属】乔木，小枝常有刺；叶3～5羽状深裂④；伞房花序，花白色③；果实深红色④，有斑点。全省各山区有少量野生，多为栽培；生山地林中。

　　牛叠肚为灌木，叶掌裂，有钩状皮刺，聚合果；山楂为乔木，枝有长刺，叶羽裂，梨果。

小花扁担杆 扁担杆子 孩儿拳头 椴树科 扁担杆属
Grewia biloba var. **parviflora**
Small-flower Grewia | xiǎohuābiǎndàngān

　　落叶灌木；小枝和叶柄密生黄褐色短毛；叶菱状卵形或菱形①，长3～11厘米，宽1.6～6厘米，边缘密生不整齐的小牙齿，有时不明显浅裂，两面有星状短柔毛，下面毛更密；叶柄长3～18毫米；聚伞花序与叶对生，花多数，淡黄色或近白色①；萼片5，狭披针形，外面密生绒绒毛；花瓣5；雄蕊多数；子房密生柔毛，2室；核果红色（②右下），经冬不落，直径8～12毫米，2裂，每裂有2小核。

　　产于全省各山区，常见。生于山地林缘、林下、灌丛中。

　　相似种：鸡麻【*Rhodotypos scandens*，蔷薇科鸡麻属】叶对生④，卵状矩圆形，边缘有重锯齿，侧脉明显③；花瓣4，白色③；核果4，熟时黑色④，光亮。产胶东山区；生林缘、林下、湿润处。

　　小花扁担杆的叶互生，花5数；鸡麻的叶对生，花4数；二者的果实形状相似，但颜色不同。

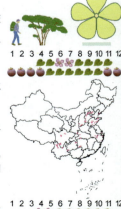

枸杞 狗奶子 狗牙子 茄科 枸杞属

Lycium chinense

Chinese Desert-thorn | gǒuqǐ

灌木；枝细长，柔弱，常弯曲下垂，有刺；叶互生或簇生于短枝上，卵形或卵状披针形①，长1.5~5厘米，宽5~17毫米，全缘；叶柄长3~10毫米；花常1~4朵簇生于叶腋；花梗细，长5~16毫米；花萼钟状，3~5裂；花冠漏斗状，紫色（①上），筒部稍宽，短于檐部裂片，裂片有缘毛；雄蕊5；浆果卵状或长椭圆状卵形，长5~15毫米，红色（①下），可食；种子肾形，黄色。

产于全省各地，野生或栽培。生于山地林缘、灌丛中、路旁。

相似种：黄芦木【*Berberis amurensis*，小檗科小檗属】叶刺三分叉；叶矩圆形，边缘有刺状细锯齿②；总状花序②；花淡黄色③；浆果红色④。产鲁中南及胶东山区；生林缘、灌丛中。

二者均有刺，果实也相似；枸杞的叶全缘，花紫色；黄芦木的叶有细锯齿，花黄色。

迎红杜鹃 杜鹃花科 杜鹃属

Rhododendron mucronulatum

Korean Rhododendron | yínghóngdùjuān

落叶灌木，多分枝，小枝细长，疏生鳞片；叶互生，矩圆状披针形（①左下），长3~8厘米，边缘稍呈波状，两面有疏鳞片，叶柄长3~5毫米；花淡紫红色，先叶开放②；花梗和花萼极短，有疏鳞片；花冠宽漏斗状①，长4~5厘米，外面有微毛，无鳞片，裂片5，圆头，边缘呈波状；雄蕊10，下倾，不等长，不超过花冠；蒴果圆柱形①。

产于鲁中南及胶东山区。生于山地林缘、林下、灌丛中。

相似种：照山白【*Rhododendron micranthum*，杜鹃花科 杜鹃属】常绿灌木；叶厚革质，两面有鳞片；顶生总状花序多花③，花小，乳白色④；蒴果矩圆形。产全省各山区；生境同上。

迎红杜鹃为落叶灌木，花大，先叶开放，紫色；照山白为常绿灌木，生叶后开花，花小而密集，白色。

野茉莉 安息香科 安息香属

Styrax japonicus

Japanese Snowbell │ yěmòlì

　　小乔木：树皮灰褐色或黑褐色；叶椭圆形至矩圆状椭圆形①②，长4～10厘米，宽1.5～5厘米，边缘有浅锯齿；花单生叶腋或2～4朵成总状花序，花梗长2～3厘米，无毛；萼筒无毛或疏被微小星状毛；花冠白色①，裂片5，在花蕾中覆瓦状排列；果近球形至卵形②，长8～10毫米，顶端具凸尖②；种子表面具皱纹。

　　主产于胶东山区。生于林中、湿润处。

　　相似种：玉铃花【*Styrax obassia*，安息香科　安息香属】叶近圆形至宽倒卵形③；总状花序有花10余朵④，花白色或略带粉色；果卵形，具凸尖。产地同上；生境同上。

　　野茉莉的叶小，椭圆形，花序少花；玉铃花的叶大，近圆形至宽倒卵形，花序多花。

白檀 锦织木 碎米子树　山矾科 山矾属

Symplocos paniculata

Sapphire-berry │ báitán

　　落叶灌木或小乔木：嫩枝、叶和花序均被柔毛；叶椭圆形或倒卵形①，长3～11厘米，宽2～4厘米，顶端急尖或渐尖，基部楔形，边缘有细尖锯齿；圆锥花序生于新枝顶端①，长4～8厘米；花萼长约2毫米，裂片有睫毛；花冠白色，5深裂，花冠筒短；雄蕊多数（①左上），约30枚，花丝基部合生成五束；子房顶端圆锥状，无毛，2室；核果成熟时卵形②③，蓝色③，稍偏斜，长5～8毫米，宿存萼裂片直立。

　　产于鲁中南及胶东山区，尤以胶东为多。生于山地林缘、林中。

　　相似种：腺齿越橘【*Vaccinium oldhamii*，杜鹃花科　越橘属】叶互生，卵形或椭圆形，边缘有细齿；花冠淡红色；浆果熟时紫黑色④。产崂山、昆嵛山；生山坡灌丛中。

　　二者叶形相似，果期易于区别：白檀果实卵形，蓝色；腺齿越橘果实球形，紫黑色。

北枳椇　拐枣　鼠李科 枳椇属
Hovenia dulcis
Japanese Raisintree ｜ běizhǐjǔ

乔木；幼枝红褐色，无毛或幼时有微毛；叶互生，卵形或卵圆形①，长8～16厘米，宽6～11厘米，叶片基出三脉①，先端渐尖，基部圆形或心形，边缘有粗锯齿，上面无毛，下面沿脉和脉腋有细毛；叶柄红褐色；腋生或顶生复聚伞花序①；花小，花瓣5，白色或淡黄绿色②，花后反折；雄蕊5，花盘明显；果梗在果期变肥厚扭曲，肉质③，红褐色，可食，故又名"拐枣"；果实近球形，无毛，直径6～20毫米，灰褐色；种子扁圆形，暗褐色，有光泽④。

产于胶东山区。生于林中。

北枳椇的花序为复聚伞花序，花小而密集；果期果梗扭曲，肉质，易于识别。

海州常山　臭梧桐　马鞭草科 大青属
Clerodendrum trichotomum
Harlequin Glorybower ｜ hǎizhōuchángshān

灌木，植株有臭味；叶片宽卵形、卵形或卵状椭圆形①②，长5～16厘米，宽3～13厘米，顶端渐尖，基部截形或宽楔形，全缘或有波状齿；伞房状聚伞花序顶生或腋生（①上）；花萼宿存，初开时黄绿色，果期变为红色②；花冠白色或带粉红色；雄蕊露出花冠外（①下）；核果近球形，熟时蓝色②。

产于鲁中南及胶东山区，数量较少。生于山地林缘、灌丛中。

相似种：臭牡丹【*Clerodendrum bungei*，马鞭草科 大青属】小灌木，叶有强烈臭味，宽卵形，长10～20厘米，边缘有锯齿③；聚伞花序紧密③，顶生，苞片早落；花有臭味，花冠紫红色④；核果球形，熟后蓝紫色。全省各地有栽培；植于庭院，供观赏。

海州常山的花序稀疏，花色淡，白色或带粉红色；臭牡丹的花序密集，花色深，紫红色。

锦带花　山脂麻　忍冬科 锦带花属

Weigela florida

Crimson Weigela　｜　jǐndàihuā

灌木；幼枝有2列短柔毛；叶对生①，具短柄或近无柄，椭圆形至倒卵状椭圆形①，长5～10厘米，顶端渐尖，基部近圆形至楔形，边有锯齿，上面疏生短柔毛，下面的毛较上面密；花序生于短枝叶腋和顶端；花大，淡紫色②，偶有白色；萼筒长12～15毫米，裂片5，条形③，长8～12毫米；花冠漏斗状钟形③，外疏生微毛，裂片5；雄蕊5，着生于花冠中部以上，稍短于花冠；蒴果长1.5～2厘米，顶端有短柄状喙④，疏生柔毛。

主产于胶东山区，沂蒙山区也有。生于林缘、林下、灌丛中。

锦带花的花大而明显，花期易于识别，果期以其弯曲带喙的果实为识别特征。

鸡树条　天目琼花 鸡树条荚蒾　忍冬科 荚蒾属

Viburnum opulus var. *sargentii*

Sargent's European Cranberry　｜　jīshùtiáo

灌木；老枝和茎暗灰色，具浅条裂；叶轮廓圆状卵形至卵形，长6～12厘米，通常3裂①，裂片有不规则的齿；叶柄基部有2托叶，顶端有2～4腺体；复伞状聚伞花序直径8～10厘米；边花不育②，花冠大型，雄蕊退化；中间的花可育，花冠小型，有发育完全的雌雄蕊，萼筒长约1毫米，5齿微小；花冠乳白色，辐状，长约3毫米；雄蕊5，长于花冠，花药紫色②；核果近球形，直径约8毫米，成熟时红色③。

产于鲁中南及胶东山区。生于林缘、灌丛中。

相似种：宜昌荚蒾【*Viburnum erosum*，忍冬科荚蒾属】叶卵形，边缘有缺刻状牙齿④；花白色，全部花可育④；核果红色(④右上)。产胶东山区；生林缘、林下、灌丛中。

鸡树条的叶常3裂，花序的边花不育；宜昌荚蒾的叶不裂，花序的全部花均可育。

三桠乌药　假崂山棍 檀军　樟科 山胡椒属
Lindera obtusiloba

Japanese Spicebush　|　sānyāwūyào

落叶灌木；叶互生，宽卵形，长6.5～12厘米，宽5.5～10厘米，基出三脉，不裂或上部3裂①②，上面绿色，有光泽，下面带绿苍白色②，密生棕黄色绢毛，后逐渐脱落；叶柄长1.2～2.5厘米；雌雄异株；伞形花序腋生，总花梗极短；花黄绿色，先叶开放；花被片6；能育雄蕊9，花药2室，瓣裂；果实球形①②，径7～8毫米。

主产于胶东山区，沂山、蒙山、青州仰天山也有分布。生于林下、杂木林中。

相似种：山胡椒【*Lindera glauca*，樟科 山胡椒属】叶倒卵形，羽状脉；伞形花序腋生；花黄绿色③，雌雄异株；果实熟时紫黑色④。主产胶东山区；生杂木林中。

三桠乌药的叶为宽卵形，不裂或上部3裂；山胡椒的叶为倒卵形，较窄，不裂。

金花忍冬　忍冬科 忍冬属
Lonicera chrysantha

Coralline Honeysuckle　|　jīnhuārěndōng

灌木；叶对生，菱状卵形①，长4～10厘米，顶端渐尖。花成对生于叶腋①，总花梗长1.2～3厘米；相邻两花的萼筒分离，有腺毛，萼檐有明显的圆齿；花冠初开时白色，后变黄色（①右上），长1.5～1.8厘米，外被疏毛，唇形；雄蕊5；浆果球形，相邻两果分离，直径5～6毫米，熟时红色②。

产于鲁中南及胶东山区。生于林缘、灌丛中。

相似种：苦糖果【*Lonicera fragrantissima* subsp. *standishii*，忍冬科 忍冬属】半常绿灌木；叶近革质，椭圆形；花白色或带粉红色③，芳香，先叶开放；浆果红色，相邻两果的基部合生在一起④。产地同上；生沟谷林下、水边。

花成对生于叶腋是忍冬属的标志特征；金花忍冬的花白色，后变黄色，相邻两果分离；苦糖果的花白色带粉红色，相邻两果合生。

枫杨 柸柳 柸论树 麻柳　胡桃科 枫杨属

Pterocarya stenoptera

Chinese Wingnut ｜ fēngyáng

落叶乔木；偶数羽状复叶②，互生，长8～16
厘米，叶轴有翅；小叶10～16，无柄，长椭圆形至
长椭圆状披针形，长8～12厘米，宽2～3厘米；花
单性，雌雄同株，均为柔荑花序（①左上）；雄花
序单生叶痕腋内，长6～10厘米；雌花序顶生，长
10～15厘米；果序长20～45厘米，下垂；果实长椭
圆形，长6～7毫米；果翅2片①，条状矩圆形。

产于全省各山区。生于水边、湿润处。

相似种: 胡桃楸【*Juglans mandshurica*，胡桃科
胡桃属】奇数羽状复叶；花单性，雌雄同株③；果
序有4～10果实④；野核桃 *J. cathayensis* 区别为果序较
长，明显下垂，现已合并；山东多为后者的类型。
产地同上；生林中。

枫杨为偶数羽状复叶，叶轴有翅，果实也有
翅，胡桃楸为奇数羽状复叶，果实大，内果皮硬骨
质，为假核果。

花曲柳 大叶白蜡树　木樨科 梣属

Fraxinus chinensis subsp. **rhynchophylla**

Beakleaf Ash ｜ huāqūliǔ

乔木；树皮灰褐色，光滑，老时浅裂；奇数羽
状复叶①②，长15～35厘米，对生，小叶5～7枚，
革质，阔卵形或卵状披针形，边缘有不明显的锯
齿，顶生小叶明显大于侧生小叶②；圆锥花序生于
当年生枝顶（①上），花密集，雄花与两性花异株；
花萼浅杯状，无花冠；雄蕊2枚；雌蕊具短花柱，
柱头2深裂；翅果狭倒披针形①②。

产于全省各山区。生于山地林中。

相似种: 美国红梣【*Fraxinus pennsylvanica*，
木樨科 梣属】乔木；奇数羽状复叶④，对生，小
叶7～9，长圆状披针形或椭圆形；圆锥花序生于去
年生枝上③，雄花与两性花异株；翅果狭倒披针形
④。原产北美，全省各地有引种；栽培作行道树。

花曲柳的小叶5～7枚，顶生小叶明显大于侧生
小叶，花序顶生于当年生枝上；美国红梣的小叶
7～9枚，花序侧生于去年生枝上。

青花椒 香椒子 崖椒　芸香科 花椒属

Zanthoxylum schinifolium

Peppertree-leaf Pricklyash　│　qīnghuājiāo

　　灌木；多皮刺；奇数羽状复叶②，互生，小叶11～21，对生或近对生，纸质，披针形，长1.5～4.5厘米，宽0.7～1.5厘米，边缘有细锯齿，齿间有腺点，背面疏生腺点，叶轴具狭翅，具稀疏而略向上的小皮刺；伞房状圆锥花序顶生，长3～8厘米；花小而多，绿色①，单性，5数；雄花的雄蕊药隔顶部有腺点，退化心皮细小，顶端2～3叉裂；雌花心皮3；蓇葖果熟时紫红色，顶端具短喙②；种子蓝黑色，有光泽（①右下）。

　　主产于胶东山区。生于林缘、灌丛中。

　　相似种：苦树【_Picrasma quassioides_**，苦木科苦树属】**奇数羽状复叶互生，小叶边缘有锯齿，嚼碎后味极苦；花黄绿色③；核果倒卵形，3～4个并生④。产鲁中南及胶东山区；生山地林中。

　　青花椒植株多皮刺，叶轴有狭翅，蓇葖果；苦树植株无刺，叶嚼碎后极苦，核果。

臭椿 樗 椿树　苦木科 臭椿属

Ailanthus altissima

Tree of Heaven　│　chòuchūn

　　落叶乔木；树皮平滑有直的浅裂纹；奇数羽状复叶互生，长45～90厘米；小叶13～25，卵状披针形①，揉搓后有明显的臭味，长7～12厘米，近基部通常有1～2对粗锯齿②，齿背面有1腺体，中上部全缘；圆锥花序顶生；花杂性，花瓣绿白色（①左上）；雄花有雄蕊10枚；子房5心皮；聚合翅果②，矩圆状椭圆形，长3～5厘米。

　　产于全省各山区及平原地区。生于山地林中、路旁、田边、房前屋后。

　　相似种：香椿【_Toona sinensis_**，楝科 香椿属】**乔木；偶数羽状复叶③，互生，小叶全缘或有不明显锯齿；圆锥花序顶生，花瓣5，白色④；蒴果狭椭圆形，长1.5～2.5厘米，5瓣开裂④；嫩叶可食。原产我国，全省各地有栽培；植于庭院或村旁。

　　臭椿的叶为奇数羽状复叶，小叶近基部有带腺点的钝齿，果实为翅果；香椿的叶为偶数羽状复叶，果实为蒴果。

盐肤木　五倍子树 土椿树　漆树科 盐肤木属

Rhus chinensis

Chinese Sumac　│　yánfūmù

　　灌木或小乔木，植株有白色乳汁；小枝、叶柄及花序均密生褐色柔毛；奇数羽状复叶，互生，叶轴及叶柄有翅①；小叶7～13，纸质，长5～12厘米，宽2～5厘米，边有粗锯齿，下面密生灰褐色柔毛；圆锥花序顶生①；花小，杂性，黄白色；萼片5～6，花瓣5～6；核果近扁圆形，直径约5毫米，有灰白色短柔毛，成熟时红色②。

　　产于全省各山区，尤以胶东为多。生于山地林缘、林中。

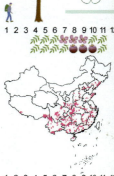

　　相似种：火炬树【Rhus typhina，漆树科 盐肤木属】有乳汁，枝叶均密生柔毛；奇数羽状复叶③，互生，小叶19～25，边缘有锐锯齿；花白绿色③；核果密生红色短刺毛，聚生为紧密的火炬形果序④，故名"火炬树"。原产美洲，全省各山区引种栽培，现已成为野生状态；生山地路旁。

　　二者植株均有乳汁；盐肤木叶轴有翅，果序开展；火炬树叶轴无翅，果序呈火炬状。

黄连木　楷树　漆树科 黄连木属

Pistacia chinensis

Chinese Pistache　│　huángliánmù

　　落叶乔木；冬芽红色，小枝有柔毛；偶数羽状复叶③，互生；小叶10～12，具短柄，长5～8厘米，宽约2厘米，顶端渐尖，基部斜楔形，边缘全缘，幼时有毛，后变光滑，仅两面主脉有微柔毛，叶揉碎后有特殊气味，嚼后味极苦；花单性，雌雄异株，先叶开放；雄花排列成密集的圆锥花序②，长5～8厘米，雌花排列成疏松的圆锥花序①，长18～22厘米；花梗长约1毫米；花小，无花瓣；核果倒卵圆形④，直径约6毫米，端具小尖头，初为黄白色，成熟时变紫红色或蓝紫色④，有白粉，内果皮骨质。

　　产于全省各山区。生于山地林中。

　　黄连木的叶为偶数羽状复叶，有特殊气味；其木材黄色，似黄连根状茎木质部的颜色，故名"黄连木"；花雌雄异株，核果，成熟时变红色。

接骨木 接骨丹　忍冬科 接骨木属
Sambucus williamsii
Williams's Elderberry ｜ jiēgǔmù

灌木；奇数羽状复叶①，对生；小叶5～11，椭圆形至矩圆状披针形，长5～12厘米，顶端尖至渐尖，基部常不对称，边缘有锯齿，揉碎后有恶臭味；圆锥花序顶生，花序轴及各级分枝均无毛；花小，白色至淡黄色（①左上）；萼筒杯状，长约1毫米，萼齿三角状披针形，稍短于萼筒；花冠辐状，裂片5；雄蕊5，约与花冠等长；浆果状核果近球形，径3～5毫米，熟时红色至黑紫色②。

产于鲁中南及胶东山区。生于沟谷林缘、林下、灌丛中。

相似种：臭檀吴萸【*Tetradium daniellii*，芸香科 吴茱萸属】乔木；奇数羽状复叶对生；小叶5～11，矩圆状卵形，揉碎后有臭味；花单性（③右上为雄花，右下为雌花），常为5数，白色；蓇葖果顶端有尖喙④。产地同上；生山地林中。

二者均有臭味；接骨木叶缘锯齿明显，浆果状核果；臭檀吴萸叶缘锯齿不明显，蓇葖果。

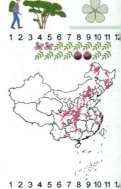

茅莓 蔷薇科 悬钩子属
Rubus parvifolius
Japanese Raspberry ｜ máoméi

小灌木；枝呈拱形弯曲或匍匐，有短柔毛及倒生皮刺（①左上）；羽状复叶，小叶3①，有时5，顶生小叶菱状圆形，边缘有不整齐粗锯齿①，长2～5厘米，上面疏生柔毛，下面密生白色绒毛（①左上）；叶柄长5～12厘米，有柔毛及小皮刺；托叶条形；伞房花序有花3～10朵；总花梗和花梗密生绒毛；花粉红色或紫红色②，直径6～9毫米；聚合果球形，径1.5～2毫米，熟时红色，可食。

产于全省各山区，常见。生于山地林缘、林下、灌丛中。

相似种：多腺悬钩子【*Rubus phoenicolasius*，蔷薇科 悬钩子属】小叶3，稀5；枝、叶、花序密被柔毛、刺毛、腺毛③；花瓣粉红色或白色（③右下）；果熟时红色④。产胶东山区；生山地林缘。

茅莓的叶背面密生白色绒毛，植株无腺毛；多腺悬钩子全株密生皮刺和红褐色腺毛。

花楸树 百花山花楸 蔷薇科 花楸属
Sorbus pohuashanensis
Baihuashan Mountain Ash | huāqiūshù

乔木；小枝粗壮，灰褐色，幼时生绒毛；冬芽外面密生灰白色绒毛；奇数羽状复叶①②，小叶5～7对，卵状披针形或椭圆状披针形②，长3～5厘米，宽1.4～2厘米，先端急尖或短渐尖，基部偏斜圆形，边缘有细锐锯齿②，基部或中部以下全缘，无毛或下面中脉两侧微生绒毛；复伞房花序，花多而密集①，总花梗和花梗密生白色绒毛；花瓣5，白色③；雄蕊多数，柱头3③；梨果近球形，直径6～8毫米，熟时红色④，萼裂片宿存，闭合。

产于鲁中南及胶东山区。生于山地林中。

花楸树为大乔木，叶为奇数羽状复叶，复伞房花序，花多而密集，白色，柱头3，果实为梨果，熟时红色。

野蔷薇 多花蔷薇 蔷薇科 蔷薇属
Rosa multiflora
Multiflora Rose | yěqiángwēi

灌木，枝细长，上升或蔓生，有皮刺；奇数羽状复叶①，小叶5～9，倒卵状圆形至矩圆形，长1.5～3厘米，宽0.8～2厘米，边缘具锐锯齿①；托叶大部分与叶柄合生，边缘篦齿状分裂，有腺毛；伞房花序圆锥状，花多数；花梗有腺毛和柔毛；萼片边缘篦齿状；花瓣白色②；雄蕊多数；花柱伸出花托口外，结合成柱状，几与雄蕊等长；果球形至卵形③，直径约6毫米，熟时褐红色。

产于鲁中南及胶东山区。生于山地灌丛中。

相似种：粉团蔷薇【*Rosa multiflora* var. *cathayensis*，蔷薇科 蔷薇属】与上种区别为花粉红色④。产地同上，但较原种少见；生境同上。

二者均为奇数羽状复叶，托叶边缘篦齿状分裂；野蔷薇的花为白色；粉团蔷薇的花为粉红色。

栾树　木栾　无患子科 栾树属

Koelreuteria paniculata

Goldenrain Tree ｜ luánshù

落叶乔木；小枝有柔毛；2回奇数羽状复叶①，有时为不完全的2回羽状复叶，连柄长20～40厘米；小叶7～15，卵形或卵状披针形，长3.5～7.5厘米，宽2.5～3.5厘米，边缘具锯齿或羽状分裂；圆锥花序顶生①，开展，长25～40厘米，有柔毛；花淡黄色②，中央红色；萼片5，有睫毛；花瓣4，长8～9毫米，花后反折；雄蕊8；果实三棱形②（左上），肿胀，长4～5厘米，顶端锐尖；种子圆形，黑色。

产于鲁中南及胶东山区。生于山地林中。

相似种：楝【*Melia azedarach*，楝科 楝属】2至3回奇数羽状复叶④，互生；圆锥花序腋生；花淡紫色③；雄蕊花丝合生成筒；核果淡黄色④。产全省各山区，野生或栽培；生山地路旁。

二者均为多回羽状复叶；栾树花黄色，果实三棱形；楝树花紫色，果实球形。

辽东楤木　五加科 楤木属

Aralia elata var. *glabrescens*

Japanese Angelica Tree ｜ liáodōngsǒngmù

灌木或小乔木；小枝淡黄色，疏生细刺④；叶大，连柄长40～80厘米，2至3回羽状复叶①，总叶轴和羽片轴通常有刺③；羽片有小叶7～11片，基部另有小叶1对；小叶卵形至卵状椭圆形，长5～15厘米，宽2.5～8厘米，先端渐尖，基部圆形至心形，稀楔形，边缘疏生锯齿，上面绿色，下面灰绿色；伞形花序聚生为顶生伞房状圆锥花序；主轴短，长2～5厘米；花绿白色②；萼边缘有5齿；花瓣5，雄蕊5，子房下位，5室，花柱5，分离或基部合生；果球形⑤，5棱，径约4毫米，成熟时黑色。

主产于胶东山区。生于林中。

辽东楤木植株有刺，叶为多回羽状复叶，大型，长可达80厘米，花序大型，花绿白色；果球形，熟时黑色。

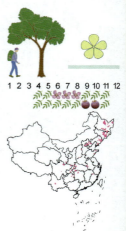

胡枝子　二色胡枝子 萩　豆科 胡枝子属

Lespedeza bicolor

Shrub Lespedeza　|　húzhīzi

灌木；羽状三出复叶，小叶卵状椭圆形①②，长3～6厘米，宽1.5～4厘米，先端圆钝①，有小尖，基部圆形，上面疏生短毛，下面毛较密；总状花序腋生，较叶长；萼杯状，萼齿与萼筒近等长，有白色短柔毛；花冠紫色①；旗瓣长约1.2厘米，翼瓣约1厘米，龙骨瓣与旗瓣等长；荚果斜卵形②，长约10毫米，网脉明显。

产于鲁中南及胶东山区。生于山地灌丛中。

相似种：多花胡枝子【*Lespedeza floribunda*，豆科 胡枝子属】半灌木③；小叶倒卵形④，长10～25毫米，先端微凹④；花紫色④。产全省各山区；生山地林缘、灌丛中。

胡枝子为大灌木，高1～2米；多花胡枝子为矮小半灌木，叶、花均比胡枝子小。

兴安胡枝子　达呼里胡枝子　豆科 胡枝子属

Lespedeza davurica

Dahurian Lespedeza　|　xīng'ānhúzhīzi

草本状灌木；羽状三出复叶，顶生小叶披针状矩形①，长2～3厘米，宽0.7～1厘米，先端圆钝，有短尖，基部圆形，上面无毛，下面密生短柔毛；总状花序腋生，短于叶①，基部簇生无瓣花；花萼浅杯状，萼齿5，披针形，先端尖，几与花瓣等长；花冠黄白色②，旗瓣矩圆形，翼瓣较短，龙骨瓣长于翼瓣；荚果倒卵状矩形，长约4毫米。

产于全省各山区，平原地区偶见。生于山地路旁、林缘、灌丛中。

相似种：绒毛胡枝子【*Lespedeza tomentosa*，豆科 胡枝子属】全株密被白色柔毛；小叶矩圆形④；总状花序明显长于叶③；花黄白色。主产胶东山区；生山地。**长叶胡枝子**【*Lespedeza caraganae*，豆科 胡枝子属】小叶条形，长为宽的6至10倍⑤；花白色。产鲁中南山区；生灌丛中。

兴安胡枝子花序短于叶；绒毛胡枝子花序长于叶，全株密被毛；长叶胡枝子小叶极长。

毛掌叶锦鸡儿　豆科 锦鸡儿属

Caragana leveillei

Leveille's Peashrub　｜　máozhǎngyèjīnjīr

灌木；枝细长，有棱，小枝密生灰白色毛；偶数羽状复叶，小叶4，假掌状排列②，倒卵形至倒披针形，长3～18毫米，宽5～8毫米，先端圆形或微凹，有小尖，基部楔形，两面密生柔毛②，叶轴短，长约5～9毫米，脱落或宿存而变成针刺；花单生于叶腋；花梗密生白色长柔毛；花萼筒形，长约10毫米，密生长柔毛；花冠黄色，常带红色①；荚果圆筒形，密生柔毛②。

产于鲁中南及胶东山区。生于山地灌丛中。

相似种：红花锦鸡儿【*Caragana rosea*，豆科锦鸡儿属】叶、花梗、花萼均无毛；花冠黄色③，常带红色或旗瓣全为红色；荚果圆筒形，无毛④。产地同上，数量较少；生境同上。

二者的叶均为假掌状排列；毛掌叶锦鸡儿叶、花梗、萼筒、果均被毛；红花锦鸡儿均无毛。

刺槐　洋槐　豆科 刺槐属

Robinia pseudoacacia

Black Locust　｜　cìhuái

乔木；奇数羽状复叶，互生；小叶7～25，椭圆形②，长2～5.5厘米，宽1～2厘米，先端圆或微凹，有小尖；托叶呈刺状；总状花序腋生①②，花序轴及花梗有柔毛；花萼杯状，浅裂，有柔毛；花冠白色①②，旗瓣有爪，基部有黄色斑点；子房无毛；荚果扁（①右下），长矩圆形，长3～10厘米；花序可食，山东民间常煎炸做"槐花饼子"。

原产美洲，百余年前从欧洲引入青岛栽培，很快遍及全省，各山区及平原均有野生和栽培。生于山地林中。

相似种：紫穗槐【*Amorpha fruticosa*，豆科 紫穗槐属】灌木；奇数羽状复叶⑤，互生，小叶11～25；托叶条形，早落；穗状花序；花冠紫色，无翼瓣和龙骨瓣③；荚果弯曲①。原产美洲，全省各地均有野生或栽培；生山地灌丛中、堤坝上。

刺槐为乔木，有托叶刺，花较大，白色；紫穗槐为灌木，无托叶刺，花小，紫色，只有旗瓣。

苦参　地槐 山槐　豆科 槐属
Sophora flavescens

Shrubby Sophora　│　kǔshēn

半灌木或多年生草本；奇数羽状复叶①②，互
生，长20～25厘米；小叶25～29，条状披针形，长
3～4厘米，宽1～2厘米，先端渐尖，基部圆形，下
面密生平贴柔毛；总状花序顶生，长约15～20厘
米，花偏向一侧①；萼筒钟状，长约6～7毫米，有
疏短柔毛或近无毛；花冠白色带淡黄色①，旗瓣匙
形，翼瓣无耳；荚果长约5～8厘米，于种子间微缢
缩，串珠状②。

产于全省各山区。生于山地灌丛中。

相似种：白刺花【*Sophora davidii*，豆科 槐
属】灌木；枝条常具刺；羽状复叶互生④，小叶
11～21；萼蓝色紫色；花冠白色或带蓝色③；荚果串
珠状④。主产鲁中南山区；生山地灌丛中。

二者的果实均有缢缩，呈串珠状；苦参枝无
刺，花序明显偏向一侧，花黄白色；白刺花枝有
刺，花序不偏向一侧，花蓝白色。

花木蓝　吉氏木蓝 山扫帚　豆科 木蓝属
Indigofera kirilowii

Kirilow's Indigo　│　huāmùlán

灌木；枝条有白色丁字毛；奇数羽状复叶②，
互生，小叶7～11，宽卵形、菱卵形或椭圆形，长
1.5～3厘米，宽1～2厘米，两面疏生白色丁字毛，
叶柄、叶轴和小叶柄有毛；总状花序腋生，与叶近
等长①；花紫红色①；萼杯形，5裂；花冠无毛，
旗瓣矩圆形；荚果圆柱形②，长3.5～7厘米，宽约
5毫米，棕褐色，无毛。

产于全省各山区。生于山地林下、灌丛中。

相似种：河北木蓝【*Indigofera bungeana*，豆
科 木蓝属】小叶7～9，矩圆形；总状花序腋生，比
叶长，花冠紫红色③；荚果圆柱形④。产鲁中南山
区，数量较少；生山地林缘、灌丛中。

花木蓝的叶较大，花序与叶近等长，花冠长约
1.5厘米；河北木蓝的叶较小，花序与叶近等长或
比叶长，花冠长约0.5厘米。

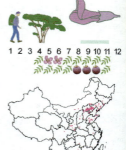

荆条 马鞭草科 牡荆属

Vitex negundo* var. *heterophylla

Heterophyllous Chinese Chastetree | jīngtiáo

灌木；枝四棱形，密生灰白色绒毛；掌状复叶，小叶5片①，偶有3片，中间小叶最大，两侧依次渐小；小叶片椭圆状卵形至披针形，顶端渐尖，基部楔形，边缘有缺刻状锯齿、浅裂以至深裂①，背面密生灰白色绒毛；圆锥花序顶生，长10～27厘米，花序梗密生灰白色绒毛；花萼钟状，顶端有5裂齿；花冠淡紫色①，外面有绒毛，顶端5裂，二唇形①，花蜜味浓；雄蕊伸出花冠管外；核果近球形，径约2毫米，宿萼接近果实的长度。

产于全省各山区，为山东干旱山地的优势灌木，与酸枣并称"荆棘"。生于山地林缘、林下、灌丛中。

相似种：黄荆【*Vitex negundo*，马鞭草科 牡荆属】与荆条的区别为小叶全缘或有少数浅锯齿②。全省各山区偶见；生境同上。

荆条的叶边缘有明显锯齿，甚至浅裂或深裂；黄荆的叶常全缘，偶有少数锯齿。

山槐 山合欢 马缨花 豆科 合欢属

Albizia kalkora

Kalkora Mimosa | shānhuái

乔木；2回羽状复叶①②，羽片2～3对；小叶5～14对，条状矩圆形①，长1.5～4.5厘米，宽1～1.8厘米，先端急尖或圆，基部近圆形，偏斜，两面密生短柔毛；花序头状②③，2～3个生于上部叶腋或多个排成顶生的伞房状；花萼、花冠密生短柔毛；雄蕊花丝白色③，为花序的显著部分；荚果扁平，条形，长7～17厘米，宽1.5～3厘米，深棕色，疏生短柔毛，有种子5～12个。

产于全省各山区，尤以胶东为多。生于林中。

相似种：合欢【*Albizia julibrissin*，豆科 合欢属】2回羽状复叶，羽片4～12对；小叶10～30对，条形④，长6～12毫米，宽1～4毫米；花淡红色。原产我国，全省各地有栽培；植于庭院。

山槐的羽片和小叶对数较少，小叶较宽，花白色；合欢的羽片和小叶对数较多，小叶窄，花淡红色。

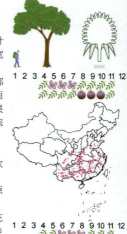

太行铁线莲 黑老婆秧 毛茛科 铁线莲属

Clematis kirilowii

Kirilow's Clematis | tàihángtiěxiànlián

木质藤本；叶对生，1至2回羽状复叶①，基部二对常2～3深裂，甚至为3小叶；小叶片或裂片革质，卵形或长圆形，长1.5～7厘米，宽0.5～4厘米，全缘；圆锥状聚伞花序①，3至多花，有时单生；萼片4，有时5～6，开展，白色②，长0.8～1.5厘米；无花瓣；雄蕊多数，无毛；瘦果卵形②，长约5毫米，有柔毛，顶端有宿存花柱。

产于全省各山区，尤以鲁中南为多。生于山地林缘、灌丛中。

相似种：毛果扬子铁线莲【*Clematis puberula* var. *tenuisepala*，毛茛科 铁线莲属】1至3回羽状复叶，小叶片长卵形，边缘有锯齿或全缘③；萼片4③；瘦果被柔毛③。主产鲁中南山区；生境同上。

太行铁线莲叶革质，小叶全缘，先端钝；毛果扬子铁线莲叶纸质，小叶常有锯齿，先端尖。

络石 石血 夹竹桃科 络石属

Trachelospermum jasminoides

Confederate Jasmine | luòshí

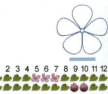

木质藤本，常绿，具乳汁；嫩枝被柔毛，枝条和节上有气生根，用以攀缘树上或石壁上；叶对生，具短柄，椭圆形或卵状披针形①，长2～10厘米，宽1～4.5厘米，下面被短柔毛；聚伞花序腋生和顶生；花冠白色，高脚碟状①，裂片5，向右旋转；雄蕊5；蓇葖果叉生，无毛。

产于全省各山区。生于林缘、林下、石壁上。

相似种：扶芳藤【*Euonymus fortunei*，卫矛科 卫矛属】木质藤本②，常绿或半常绿，有气生根；叶矩圆状卵形，边缘有锯齿③；花淡绿色，4数④；山东分布原原为胶州卫矛 *E. kiautschovicus*，二者无太大区别，现已合并。产鲁中南及胶东山区，数量较少；生山地林缘、林下。

二者均为常绿藤本，均靠气生根攀缘；络石的叶全缘，花大而显著，白色；扶芳藤的叶有锯齿，花小，绿色。

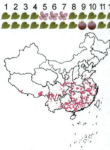

乌蔹莓 五爪龙 五叶莓 葡萄科 乌蔹莓属

Cayratia japonica

Bushkiller | wūliǎnméi

草质藤本；鸟足状复叶①，互生，小叶5，长2.5～7厘米，边缘有疏锯齿，侧生2小叶基部合生在一起；聚伞花序腋生；花小，具短柄；花4数，有光泽5；花瓣黄绿色，花盘橙色①，雄蕊与花瓣对生；浆果卵形，长约7毫米，成熟时黑色。

产于全省各山区及平原地区。生于路旁、房前屋后、林缘、灌丛中。

相似种： 乌头叶蛇葡萄【*Ampelopsis aconitifolia*，葡萄科 蛇葡萄属】掌状复叶②；小叶3～5，部分再次羽裂（③左）；花5数，黄绿色（②上）；果球形（③右），熟时红色。产全省各山区；生林缘、林下。白蔹【*Ampelopsis japonica*，葡萄科 蛇葡萄属】小叶3～5，部分羽裂，叶轴有翅（④左）；果熟时白色或蓝色（④右）。产地同上；生境同上。

乌蔹莓为鸟足状复叶，花盘橙色，其余二者为掌状复叶；乌头叶蛇葡萄小叶的叶轴无翅，果红色；白蔹小叶的叶轴有翅，果白色或蓝色。

葎叶蛇葡萄 葡萄科 蛇葡萄属

Ampelopsis humulifolia

Hops Ampelopsis | lǜyèshépútao

木质藤本；卷须与叶对生，分叉；叶质硬，宽卵圆形，长宽约7～12厘米，3～5中裂①，有时近于深裂，基部心形或近平截，边缘具粗锯齿，上面鲜绿色，有光泽，下面苍白色，无毛或脉上微有毛；聚伞花序与叶对生，疏散；花黄绿色①；萼片合生成杯状；花瓣5；雄蕊5，与花瓣对生；果径6～8毫米，熟时白色、淡黄色或淡蓝色②。

产于全省各山区。生于林缘、林下。

相似种： 桑叶葡萄【*Vitis heyneana* subsp. *ficifolia*，葡萄科 葡萄属】叶宽卵形，3浅裂③，有时3深裂，下面有白色或灰白色绒毛④；浆果球形④。产鲁中南及胶东山区；生林缘、林下。

葎叶蛇葡萄叶几无毛，花瓣离生；桑叶葡萄叶背密被绒毛，花瓣顶部黏合在一起，开花时呈帽状整个脱落。

山葡萄 葡萄科 葡萄属

Vitis amurensis

Amur Grape | shānpútao

木质藤本；叶宽卵形，长4～17厘米，宽3.5～18厘米，顶端尖锐，基部宽心形，3～5裂或不裂①，边缘具粗锯齿，上面无毛，下面叶脉有短毛；叶柄长4～12厘米，有疏毛；圆锥花序疏散，与叶对生，长8～13厘米，花序轴具白色丝状毛；花小（②左），花瓣5，呈帽状黏合脱落；雌雄异株；雌花内5个雄蕊退化，雄花内雌蕊退化；浆果球形（②右），直径约1厘米，成熟时黑色。

主产于胶东山区。生于林缘、林下。

相似种：蘡薁【*Vitis bryoniifolia*，葡萄科 葡萄属】幼枝有锈色或灰色绒毛；叶宽卵形，常3深裂③，裂片又有浅裂，上面疏生短毛，下面被锈色或灰色绒毛④。产全省各山区；生林缘、林下。

山葡萄的叶不裂或浅裂，仅背面被短毛；蘡薁的叶3至5深裂，两面均被毛，下面尤密。

爬山虎 地锦 爬墙虎 葡萄科 地锦属

Parthenocissus tricuspidata

Boston Ivy | páshānhǔ

木质藤本，卷须短，多分枝，枝端有吸盘（①右上）；叶互生，宽卵形，长10～20厘米，宽8～17厘米，通常3裂①，基部心形，叶缘有粗锯齿，上面无毛，下面脉上有柔毛；聚伞花序通常生于短枝顶端的两叶之间；花5数，黄绿色②；花萼碟形，花瓣顶端反折；雄蕊与花瓣对生；花盘不明显；浆果球形，熟时蓝色，被白粉，径6～8毫米。

产于全省各山区，平原地区也常有栽培。生于山地路旁，野生或栽培。

相似种：五叶地锦【*Parthenocissus quinquefolia*，葡萄科 地锦属】掌状复叶，小叶5③④，倒卵圆形，边缘有粗锯齿；花黄绿色③；浆果球形④。原产美洲，全省各地有引种栽培，在山路峭壁旁栽种较多，现已成半野生状态；生境同上。

爬山虎的叶不裂或3裂；五叶地锦的叶为5小叶掌状复叶。

软枣猕猴桃 软枣子 猕猴桃科 猕猴桃属

Actinidia arguta

Hardy Kiwi │ ruǎnzǎomíhóutáo

木质藤本；髓褐色，片状（③上）；叶片膜质至纸质，卵圆形、椭圆状卵形或矩圆形，长6～13厘米，宽5～9厘米，顶端突尖或短尾尖，基部圆形或心形，少有近楔形，边缘有锐锯齿，下面在脉腋有淡棕色或灰白色柔毛，其余无毛；花单性，雌雄异株（①上为雄株，下为雌株）；腋生聚伞花序有花3～6朵；花白色①，5数，萼片仅边缘有毛，花梗无毛；雄花雄蕊多数；雌花花柱丝状，多数，有不育雄蕊；浆果球形至矩圆形②，光滑。

产于鲁中南及胶东山区。生于林缘、林中。

相似种： 葛枣猕猴桃【*Actinidia polygama*，猕猴桃科 猕猴桃属】髓白色，实心（③下）；叶宽卵形；花白色，1～3朵腋生；浆果矩圆形，有宿萼④。产地同上；生境同上。

软枣猕猴桃髓褐色，片状，果实无宿萼；葛枣猕猴桃髓白色，实心，果实有宿萼。

忍冬 金银花 二花 忍冬科 忍冬属

Lonicera japonica

Japanese Honeysuckle │ rěndōng

木质藤本；幼枝密生柔毛和腺毛；叶宽披针形至卵状椭圆形①，长3～8厘米，顶端短渐尖至钝，基部圆形至近心形，幼时两面有毛，后上面变无毛；花成对生于叶腋，苞片叶状，长达2厘米；萼筒无毛，花冠初开时白色①，后变黄色②，芳香，外面有柔毛和腺毛，唇形，上唇具4裂片而直立，下唇反转，约等长于花冠筒；雄蕊5，和花柱均稍超过花冠；浆果球形，黑色。

产于全省各山区。生于林缘、路旁、灌丛中。

相似种： 鸡矢藤【*Paederia scandens*，茜草科 鸡矢藤属】植株有恶臭；叶卵形至披针形，对生；托叶三角形，于两叶柄间合生；花冠筒状，外面白色，内面紫色③，密被柔毛；核果球形④。产全省各平原地区及山区，数量较少；生路旁、灌丛中。

二者叶形相似，但花、果截然不同；忍冬为木质藤本；鸡矢藤为草质藤本，具柄间托叶，植株有恶臭。

南蛇藤 卫矛科 南蛇藤属

Celastrus orbiculatus

Oriental Bittersweet │ nánshéténg

木质藤本，茎缠绕，小枝有多数皮孔；叶宽椭圆形、倒卵形或近圆形①，长6～10厘米，宽5～7厘米；叶柄长可达2厘米；聚伞花序顶生及腋生，5～7花，花梗短；花雌雄异株或杂性，黄绿色；雄花③：萼片5，花瓣5，雄蕊5，着生杯状花盘边缘，退化雌蕊柱状；雌花②：雄蕊不育，子房基部包在杯状花盘中，但不与之合生，子房3室，花柱细长，柱头3裂，裂端再2浅裂；蒴果黄色、球形④，直径约1厘米，成熟时3裂；种子每室2粒，有红色肉质假种皮④。

产于全省各山区。生于山地林缘、林下。

南蛇藤为木质藤本，花单性，蒴果熟时3裂，种子红色，易于识别，在山东各山区均常见。

刺蓼 廊茵 蓼科 蓼属

Polygonum senticosum

Many-prickle Tearthumb │ cìliǎo

多年生草本；茎蔓生或直立上升，长达1米，四棱形，有倒生钩刺；叶有长柄；叶片三角形或三角状戟形①②，长4～8厘米，宽3～7厘米，顶端渐尖或狭尖，基部心形，通常两面无毛或生稀疏细毛，下面沿叶脉有倒生钩刺；托叶鞘短筒状，膜质，上部草质，绿色；花序头状，顶生或腋生；花淡红色③，花被5深裂；雄蕊8，花柱3，下部合生，柱头头状；瘦果近球形，黑色，光亮。

主产于胶东山区。生于林缘、水边、湿润处。

相似种：杠板归［*Polygonum perfoliatum*，蓼科 蓼属］叶柄盾状着生⑤；托叶鞘草质，圆形，抱茎；花序穗状④；花被在果时增大，肉质，变蓝色⑤。产全省各地；生境同上。

二者均有刺，茎均蔓生；刺蓼的叶柄非盾状着生，托叶鞘膜质；杠板归的叶柄盾状着生，托叶鞘草质，花被在果期增大，变为蓝色。

葎草
拉拉藤 屎克螂蔓　大麻科 葎草属

Humulus scandens

Japanese Hop ｜ lǜcǎo

一年或多年生草质藤本，茎缠绕；茎和叶柄均有倒刺；叶纸质，对生，叶片近肾状五角形，直径7～10厘米，掌状深裂，裂片5～7，边缘有粗锯齿，两面有粗糙刺毛，下面有黄色小腺点，幼苗的叶较窄长④；叶柄长5～20厘米；花单性，雌雄异株，靠风媒传粉；雄花小，淡黄绿色，排列成长15～25厘米的圆锥花序①，花被片和雄蕊各5；雌花排列成近圆形的穗状花序②③，每2朵花外具1卵形、有白刺毛和黄色小腺点的苞片，花被退化为1全缘的膜质片；瘦果淡黄色，扁圆形。

产于全省各平原地区，山区也有。生于田边、路旁、草丛中。

葎草为常见杂草，生境广泛；茎和叶柄有倒刺，能擦伤皮肤，叶对生，掌裂，用手摸有明显的粗糙感。

茜草
红丝线　茜草科 茜草属

Rubia cordifolia

Indian Madder ｜ qiàncǎo

草质藤本，小枝有明显的4棱，棱上有倒生小刺，靠小刺攀缘；根紫红色或橙红色；叶4片轮生①，有时多达8片，纸质，卵形至卵状披针形①，长2～9厘米，宽1.5～4厘米，顶端渐尖，基部圆形至心形，上面粗糙，下面脉上和叶柄常有倒生小刺；叶柄长可达10厘米，短的仅1厘米；聚伞花序通常排成大而疏松的圆锥花序状，腋生或顶生；花小，白色或黄白色，5数①，花冠辐状；浆果近球形②，径5～6毫米，熟时紫黑色，有1颗种子。

产于全省各平原地区和山区。生于房前屋后、路旁、田边。

相似种： 山东茜草【*Rubia truppeliana*，茜草科茜草属】叶常8片轮生，披针形至条状披针形③，基部楔形；圆锥花序顶生，花白色④。产鲁中南及胶东地区；生山地路旁、灌丛中。

茜草的叶卵形，基部圆形至心形；山东茜草的叶披针形，基部楔形。

藤本植物

羊乳 奶参 奶薯 山海螺　桔梗科 党参属
Codonopsis lanceolata
Lance Asia Bell　|　yángrǔ

　　草质缠绕藤本，植株有白色乳汁；根圆锥形或
纺锤形，长达15厘米，有少数须根；茎无毛，有
多数短分枝；在主茎上的叶互生，菱状狭卵形，
长2～3厘米，无毛；在分枝顶端的叶3～4个近轮生
①，有短柄，菱状卵形或狭卵形，长3～9厘米，宽
1.5～4.5厘米，无毛；花通常1朵生分枝顶端，无
毛；萼筒长约5毫米，裂片5，卵状三角形；花冠黄
绿色，边缘带紫色②，宽钟状③，5浅裂；雄蕊5，
长约1厘米；子房半下位，柱头3裂；蒴果有宿存花
萼④，上部3瓣裂；种子有翅。

　　产于胶东山区。生于林缘、林下。

　　羊乳为草质藤本，掐断茎叶会有白色乳汁流
出，分枝顶端的叶近轮生，花冠宽钟状。

菟丝子 黄蔓子 金丝藤 豆寄生　旋花科 菟丝子属
Cuscuta chinensis
Chinese Dodder　|　tùsīzi

　　一年生寄生草本；茎纤细，黄色①，径约1毫
米，叶退化；花簇生；花萼杯状，5裂；花冠白色
①，壶状，长为花萼的2倍，顶端5裂，裂片向外反
曲；雄蕊5，着生于花冠裂片弯缺处的内侧；花柱
2；蒴果球形，成熟时完全被宿存花冠包围②。

　　产于全省各地。寄生于其他植物体上。

　　相似种：*南方菟丝子*【*Cuscuta australis*，旋花
科 菟丝子属】茎纤细，黄色；雄蕊着生于二个花
冠裂片间弯缺处；蒴果成熟时仅下部被宿存花冠
包围③。产地同上；生境同上。*金灯藤*【*Cuscuta
japonica*，旋花科 菟丝子属】茎粗壮，径达2毫米，
有紫色斑点④；花冠钟状，白绿色④；蒴果卵圆形
④。产全省各地；多寄生于木本植物上。

　　金灯藤茎粗壮，有紫色斑点，其余二者茎纤
细，黄色；菟丝子宿存花冠完全包围果实；南方菟
丝子宿存花冠仅下部包围果实。

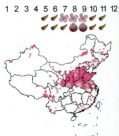

田旋花 中国旋花 燕子草　旋花科 旋花属
Convolvulus arvensis

Field Bindweed ｜ tiánxuánhuā

多年生草质藤本，茎缠绕或贴地蔓生，具棱角或条纹；叶互生，戟形①，长2.5～5厘米，宽1～3.5厘米，基部有两个小侧裂片，微尖，中裂片披针状长椭圆形；叶柄长1～2厘米，花序腋生，有1～3花，花梗细弱，长3～8厘米；苞片2，条形，与花萼远离②。花冠漏斗状，粉红色①，偶有白色，顶端5浅裂；雄蕊5；蒴果球形。

产于全省各平原地区，极常见。生于路旁、田边、草丛中。

相似种：藤长苗【*Calystegia pellita***，旋花科 打碗花属**】茎、叶均密被短柔毛；叶矩圆形③，基部稍箭形；苞片2，卵圆形，包住花萼；花冠粉红色④。产鲁中南山区；生山地林缘、灌丛中。

田旋花茎、叶近无毛，叶基部戟形，苞片小，远离花萼，花较小；藤长苗茎、叶密被毛，叶基部稍箭形，苞片大，包被花萼，花较大。

打碗花 扶子苗　旋花科 打碗花属
Calystegia hederacea

Japanese False Bindweed ｜ dǎwǎnhuā

一年生草本，茎缠绕或贴地蔓生①；叶互生，具长柄，叶三角状戟形①，侧裂片开展，通常二裂，中裂片卵状三角形，顶端钝尖；花单生叶腋；苞片2，卵圆形，长0.8～1厘米，包住花萼（①右上），宿存；萼片5，矩圆形，稍短于苞片；花冠漏斗状，粉红色或白色②；雄蕊5，柱头2裂；蒴果卵圆形，光滑；种子卵圆形，黑褐色。

产于全省各平原地区。生于房前屋后、路旁、田边、草丛中。

相似种：肾叶打碗花【*Calystegia soldanella***，旋花科 打碗花属**】茎贴地蔓生④；叶肾形至近圆形；花单生叶腋，粉红色③；蒴果卵圆形④。产胶东沿海地区；生海滨沙滩。

打碗花的叶三角状戟形，花较小；肾叶打碗花的叶肾形，花较大，只生于海滨沙滩。

圆叶牵牛　喇叭花　旋花科　番薯属

Ipomoea purpurea

Tall Morning Glory　│　yuányèqiānniú

　　一年生草本，全株被粗硬毛，茎缠绕，多分枝；叶互生，心形①，长5～12厘米，具掌状脉，顶端尖，基部心形；叶柄长4～9厘米；花序有花1～5朵；苞片2，条形；萼片5，卵状披针形，长1.2～1.5厘米，顶端钝尖，基部有粗硬毛；花冠漏斗状，花色多变，紫色、蓝色、淡红色或白色①②，顶端5浅裂；雄蕊5，不等长；子房3室，柱头3裂；蒴果球形；种子卵圆形，无毛。

　　原产美洲，分布于全省各平原地区及低山区。生于山地路旁、田边、草丛中。

　　相似种：牵牛【Ipomoea nil，旋花科　番薯属】叶近卵状心形，3浅裂③或3深裂④；花序有花1～3朵；花常为蓝紫色③④；裂叶牵牛I. hederacea区别为叶3深裂，现已合并。分布同上；生境同上。

　　圆叶牵牛叶心形，花较大，长4～6厘米；牵牛叶浅裂或深裂，花较小，长3～5厘米。

白英　山甜菜　蔓茄　北凤藤　茄科　茄属

Solanum lyratum

Lyrate Nightshade　│　báiyīng

　　草质藤本，长0.5～1米；茎密被具节的长柔毛①；叶多为琴形①②，长3.5～5.5厘米，宽2.5～4.5厘米，顶端渐尖，基部3～5深裂，有时浅裂或全缘，侧裂片顶端圆钝，中裂片较大，卵形，两面均被长柔毛；叶柄长1～3厘米；聚伞花序，顶生或腋外生，疏花；花萼杯状，径约3毫米，萼齿5；花冠淡紫色或近白色①，5深裂，裂片反折；雄蕊5；浆果球形，成熟时红色③，径约8毫米。

　　产于全省各山区。生于山地林缘。

　　相似种：野海茄【Solanum japonense，茄科　茄属】草质藤本③，近无毛或有疏柔毛④；叶卵状披针形，两面近无毛；花冠紫色；浆果球形④，熟时红色。产全省各山区，数量较少；生境同上。

　　白英全株被长柔毛，叶常琴状羽裂；野海茄植株近无毛，叶不裂。

赤瓟　葫芦科 赤瓟属

Thladiantha dubia

Manchu Tubergourd │ chìbáo

　　草质藤本，茎攀缘，卷须不分叉；叶片宽卵状心形①，长5～10厘米，宽4～9厘米；雌雄异株；雄花单生，花萼裂片披针形，反折，花冠黄色，筒部钟形，5裂，裂片矩圆形，上部反折①，雄蕊5，花丝有长柔毛；雌花子房矩圆形，有长柔毛；果实卵状矩圆形②，有不明显10纵纹，长4～5厘米；种子卵形，黑色。

　　产于鲁中南及胶东山区。生于山地、沟谷、村旁，或为栽培。

　　相似种：马泡瓜【*Cucumis melo* var. *agrestis*，葫芦科　黄瓜属】茎常铺地蔓生③；叶近圆形或肾形，边缘不裂或3～7浅裂；花冠黄色④，5深裂④；果实长圆形。产自各省各平原地区，部分为栽培的甜瓜*C. melo*逸野而生；生路旁、田边、草丛中。

　　赤瓟花冠5中裂，筒部钟形，常生于山区；马泡瓜花冠5深裂，裂片开展，常生于田野。

栝楼　瓜蒌 药瓜　葫芦科 栝楼属

Trichosanthes kirilowii

Mongolian Snakegourd │ guālóu

　　茎攀缘，块根圆柱状；叶片轮廓近圆形，长宽均约7～20厘米，常3～7浅裂或中裂①；雌雄异株（①为雄株，②为雌株）；雄花几朵呈总状花序或稀单生，花托筒状，花萼裂片披针形，全缘，花冠白色①②，裂片倒卵形，顶端流苏状①②，雄蕊3；雌花单生，子房卵形，花柱3裂②；果实近球形，熟时黄褐色，光滑，具多数种子；种子压扁状。

　　产于全省各山区。生于路旁、林缘、灌丛中，也有栽培。

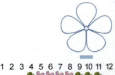

　　相似种：假贝母【*Bolbostemma paniculatum*，葫芦科　假贝母属】叶卵状近圆形，掌状5深裂③；花黄绿色，花萼花冠相似，裂片披针形④；果实圆柱状，成熟后由顶端盖裂④。产灵岩寺、五莲山等地；生阴坡沟谷林缘。

　　二者的叶均为掌裂；栝楼的花大，白色，花冠裂片顶端流苏状；假贝母的花小，径不及1厘米，黄绿色，花萼花冠相似，裂片披针形。

地梢瓜　雀瓢 地梢花 女青　萝藦科 鹅绒藤属

Cynanchum thesioides

Thesium-like Swallow-wort　| dì shāo guā

植株或直立，或为藤本，有乳汁，地下茎单轴横生；叶对生，条形①，长3～5厘米，宽2～5毫米，下面中脉凸起；聚伞花序腋生，花萼5深裂，外面被柔毛；花冠白色带淡黄色①，辐状，裂片5枚；副花冠杯状，裂片三角状披针形，渐尖；蓇葖果纺锤形②，长5～6厘米，直径约2厘米；种子扁平，暗褐色，顶端具白绢质的种毛。

产于全省各山区及平原地区。生于山地林缘、路旁、水边。

相似种：变色白前【Cynanchum versicolor，萝藦科 鹅绒藤属】茎上部缠绕，下部直立，无乳汁；叶宽卵形③；花冠黄白色④，后渐变为黑紫色。产全省各山区；生山坡林下。

地梢瓜有乳汁，叶条形，花白色；变色白前无乳汁，叶宽卵形，花黄白色。

1 2 3 4 5 6 7 8 9 10 11 12

1 2 3 4 5 6 7 8 9 10 11 12

萝藦　萝藦科 萝藦属

Metaplexis japonica

Rough Potato　| luó mó

草质藤本，有乳汁；叶对生，长卵状心形①，长5～12厘米，宽4～7厘米，无毛，叶脉常为黄绿色①；聚伞花序腋生；萼片被柔毛，花冠白色或淡紫色①，近辐状，裂片向左覆盖，内面被柔毛；副花冠环状5短裂，生于合蕊冠上；花柱延伸成长喙，柱头顶端2裂；蓇葖果角状②，叉生，表面有瘤状突起；种子顶端具种毛②。

产于全省各山区及平原地区。生于山地路旁、村旁、河边。

相似种：杠柳【Periploca sepium，萝藦科 杠柳属】叶卵状矩圆形；花冠紫红色，副花冠环状，裂片丝状伸长③；蓇葖果双生④；种子具白绢质种毛④。产全省各山区；生山地林缘、灌丛中。

萝藦的花为白色或淡紫色，副花冠5短裂，果实角状，表面有瘤状突起；杠柳的花为紫色，副花冠裂片丝状伸长，果实长圆柱状，平滑。

1 2 3 4 5 6 7 8 9 10 11 12

1 2 3 4 5 6 7 8 9 10 11 12

鹅绒藤　萝藦科 鹅绒藤属

Cynanchum chinense

Chinese Swallow-wort ｜ éróngténg

草质藤本，有乳汁，全株被短柔毛；叶对生，纸质，宽三角状心形①，长4～9厘米，宽4～7厘米，顶端锐尖，基部心形，上面深绿色，下面苍白色；聚伞花序腋生①，有花约20朵；花萼外面被柔毛；花冠白色，裂片5枚，矩圆状披针形；副花冠杯状，顶端裂成10个丝状体②，分2轮；蓇葖果双生或仅有一个发育，细圆柱形，长11厘米，直径5毫米；种子矩圆形，顶端具白绢质种毛。

产于全省各山区及平原地区。生于山地林缘、路旁、水边。

相似种：隔山消【*Cynanchum wilfordii*，萝藦科鹅绒藤属】叶卵形③，基部耳垂状心形；花冠淡黄色④，副花冠裂片近四方形。主产胶东山区；生沟谷林缘。

鹅绒藤的花白色，副花冠顶端裂成丝状；隔山消的花淡黄色，副花冠裂片近四方形。

北马兜铃　臭瓜娄 茶叶包 河沟精　马兜铃科 马兜铃属

Aristolochia contorta

Northern Dutchman's Pipe ｜ běimǎdōulíng

多年生草质藤本，全株无毛；叶互生，三角状心形至宽卵状心形①，长3～13厘米，宽3～10厘米，顶端短锐尖或钝，基部心形，下面略带灰白色；叶柄长1～7厘米；花3～10朵簇生于叶腋①②；花被喇叭状，基部膨大呈球状，上端逐渐扩大成偏向一面的侧片，侧片顶端延长成长条形尾尖①②；果实倒卵形②，长4～6厘米，径2～3厘米，成熟后6瓣裂开。

产于全省各山区。生于山地灌丛中。

相似种：白首乌【*Cynanchum bungei*，萝藦科鹅绒藤属】叶对生，三角状心形至戟形③，基部心形；花冠白色③，副花冠5深裂；蓇葖果长角形④。产鲁中南山区，数量较少；生林缘、林下。

北马兜铃无乳汁，叶互生；白首乌有乳汁，叶对生；二者叶形相似，但花、果截然不同。

蝙蝠葛 山豆根 防己科 蝙蝠葛属

Menispermum dauricum

Asian Moonseed │ biānfúgé

落叶木质藤本，茎缠绕；叶互生，圆肾形①，长宽均7～10厘米，基部浅心形，边缘全缘或3～7浅裂；叶柄盾状着生①；花单性，雌雄异株；花序腋生，有花数朵至20余朵，花较密集；雄花白绿色，雄蕊通常12枚，超出花被②；雌花近白色（①右上），有退化雄蕊；果实核果状，弯曲成圆肾形（①右下），直径8～10毫米，成熟时紫黑色；果核新月形（①右下）。

产于全省各山区。生于山地、田边、路旁。

相似种：木防己【*Cocculus orbiculatus*，防己科木防己属】叶宽卵形，不裂或3浅裂③；花单性，雌雄异株（④左上为雌花，左下为雄花），花瓣顶端2裂；核果熟时蓝黑色（④右）。产鲁中南、胶东山区及沿海丘陵；生山地林缘、海边。

蝙蝠葛的叶边缘3～7浅裂，叶柄为盾状着生，果实圆肾形；木防己的叶不裂或3浅裂，叶柄不为盾状着生，果实球形。

葛 野葛 葛藤 豆科 葛属

Pueraria montana var. *lobata*

Kudzu │ gé

大型木质藤本；有肥厚的块根，全株被黄色长硬毛；叶互生，三出复叶②，顶生小叶菱状卵形，长5.5～19厘米，宽4.5～18厘米，有时浅裂，两面有毛，侧生小叶宽卵形，有时有裂片，基部偏斜；总状花序腋生，萼内外面均有黄色柔毛；花冠紫红色①，旗瓣中央有一黄斑；荚果条形（①右上），长5～10厘米，扁平，密生黄色长硬毛。

产于全省各山区。生于山地林缘。

相似种：木通【*Akebia quinata*，木通科木通属】掌状复叶互生，小叶5③，全缘；总状花序腋生，基部有雌花1～2朵，其余为数朵雄花，花紫黑色（④左）；果椭圆形（④右）。主产胶东山区，鲁中南地区也有少量分布；生林缘、林中。

葛为粗壮藤本，三小叶复叶，叶大，小叶先端尖；木通为五小叶复叶，叶较小，小叶先端钝圆；二者花、果亦截然不同。

两型豆　三籽两型豆　豆科 两型豆属

Amphicarpaea bracteata subsp. *edgeworthii*

Edgeworth's Hogpeanut　|　liǎngxíngdòu

一年生缠绕草本，枝密生淡黄色柔毛；小叶3①，菱状卵形，长2～6厘米，宽1.5～3.5厘米，两面有白色长柔毛；花二型，下部为闭锁花，无花瓣，上部为正常花，排成腋生总状花序；萼筒状，萼齿5；花冠白色带淡蓝色①；子房有毛；荚果矩形，扁平②，长约2～3厘米，有毛；种子通常3，红棕色，有黑斑。

产于鲁中南及胶东山区。生于山地林缘。

相似种：贼小豆【*Vigna minima*，豆科 豇豆属】小叶3③，长椭圆状卵形；总状花序腋生，花少而疏；花冠黄色④；荚果圆柱状④，无毛；种子红褐色。产鲁中南及胶东山区；生山地林缘。

两型豆的花、果均两型，正常花白色带蓝色，果实矩形，扁平；贼小豆的花黄色，果实圆柱形。

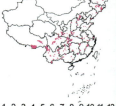

野大豆　豆科 大豆属

Glycine soja

Wild Soybean　|　yědàdòu

一年生缠绕草本①，茎细弱，各部有黄色长硬毛；小叶3①，顶生小叶卵状披针形，长1～5厘米，宽1～2.5厘米，先端急尖，基部圆形，两面生白色短柔毛，侧生小叶斜卵状披针形；托叶卵状披针形，急尖，有黄色柔毛，小托叶狭披针形，有毛；总状花序腋生；花梗密生黄色长硬毛；萼钟状，有黄色硬毛；花小，花冠紫红色①；荚果矩形，长约3厘米，密生黄色长硬毛①；种子2～4粒，黑色。

产于全省各平原地区，尤以黄河沿岸为多，是我国重要的大豆种质资源。生于田边、路旁、水边、盐碱地。

野大豆为柔弱的一年生缠绕草本，花小，紫色，荚果矩形，叶、花、果均较栽培大豆为小。

菝葜 百合科 菝葜属

Smilax china

China Root | báqiā

木质攀缘藤本，有卷须；枝条通常疏生硬刺，刺粗大，弯曲；叶薄革质，宽卵形或圆形①②，长3~10厘米，宽2~10厘米，下面淡绿色，有时具粉霜；花单性，雌雄异株，黄绿色，多朵排成伞形花序①，总花梗长1~2厘米；外轮花被片3，矩圆形，内轮花被片3，稍狭；雄花的雄蕊长约为花被片的2/3（①右上）；雌花的雌蕊长于花被片（①右下）；浆果球形，径6~15毫米，成熟时红色②。

主产于蒙山及胶东山区。生于林缘、林下、灌丛中。

相似种：华东菝葜【*Smilax sieboldii*，百合科菝葜属】刺黑色，细长，平直；叶草质，卵形；花单性异株，黄绿色，伞形花序③；浆果熟时蓝黑色④。产鲁中南及胶东山区；生林缘、林下。

菝葜的刺粗大，弯曲，叶薄革质，果实成熟时红色；华东菝葜的刺细长，平直，叶草质，果实成熟时蓝黑色。

1 2 3 4 5 6 7 8 9 10 11 12

1 2 3 4 5 6 7 8 9 10 11 12

薯蓣 山药 山药蛋 薯蓣科 薯蓣属

Dioscorea polystachya

Chinese Yam | shǔyù

草质缠绕藤本；块茎略呈圆柱形，垂直生长，长可达1米；茎右旋，光滑无毛；单叶互生，中部以上叶对生，叶腋间常生有珠芽（②左上），叶三角状卵形或耳状3裂①；花单性异株，花序穗状①，直立，2~4腋生；花小，花被背面有棕色毛，并散生有紫褐色腺点；雄蕊6，着生于花托边缘，花丝粗短；蒴果有三翅②，翅半月形，长几等于宽。

主产于鲁中南及胶东山区。生于林缘、林下，民间常有栽培，食用其块茎（山药）和珠芽（山药豆），栽培者极少开花。

相似种：穿龙薯蓣【*Dioscorea nipponica*，薯蓣科薯蓣属】叶掌状心脏形，边缘有不等大的三角状浅裂、中裂或深裂③；花黄绿色③；蒴果有三翅④。产鲁中南及胶东山区；生林缘、林下。

薯蓣的叶耳状3裂或不裂，穿龙薯蓣的叶边缘有不等大的三角状裂片。

1 2 3 4 5 6 7 8 9 10 11 12

1 2 3 4 5 6 7 8 9 10 11 12

白屈菜 山黄连 罂粟科 白屈菜属

Chelidonium majus

Greater Celandine | báiqūcài

多年生草本，植株具黄色汁液（①右上）；茎被短柔毛；叶互生，长10～15厘米，羽状全裂①，裂片2～3对，不规则深裂，裂片边缘具不整齐缺刻，上面近无毛，下面疏生短柔毛，有白粉；花数朵生于茎分枝顶端，近伞状排列；花梗长达4.5厘米；萼片2，早落；花瓣4，黄色②，倒卵形，无毛；雄蕊多数；雌蕊无毛；蒴果条状圆筒形①，长3～3.6厘米，宽约3毫米；种子卵球形，生网纹。

产于全省各山区，平原地区偶见。生于山地林缘、路旁、田边。

相似种： 角茴香【*Hypecoum erectum*，罂粟科角茴香属】叶基生，2至3回羽状全裂③，末回裂片条形；花瓣黄色，外面2个较大，里面2个较小④。产鲁中南山区；生山坡灌丛下。

白屈菜植株较高大，叶裂片宽，花瓣等大；角茴香植株矮小，叶裂片细小，花瓣2大2小。

月见草 山芝麻 夜来香 柳叶菜科 月见草属

Oenothera biennis

Common Evening Primrose | yuèjiàncǎo

二年生草本；基生叶莲座状，倒披针形，长7～20厘米，宽1～5厘米，边缘有稀疏钝齿，两面被柔毛；花序穗状，生于茎顶①；花夜间开放；花萼绿色，萼片花后反折，花瓣黄色，先端微凹②；雄蕊与雌蕊近等长，花药贴在柱头周围，自花授粉，子房下位；蒴果圆柱形，具明显的棱。

原产美洲，全省各地有庭院栽培，在各山区逸为野生，尤以崂山、泰山之多。生于山地路旁。

相似种： 假柳叶菜【*Ludwigia epilobioides*，柳叶菜科 丁香蓼属】茎四棱形，带紫红色③；叶披针形；花生于上部叶腋，萼片三角状④，花瓣黄色，微小，常早落；蒴果长条形；本种在北方常被误定为丁香蓼*L. prostrata*。产鲁西北平原及鲁中南、胶东的低山区；生沟谷、水边、稻田中。

月见草植株高大，花大而明显；假柳叶菜的叶、花、果实均比前者小，花瓣微小，早落。

蔊菜 印度蔊菜　十字花科 蔊菜属

Rorippa indica

Variable-leaf Yellowcress　|　hàncài

一年生草本；茎直立，粗壮，有时带紫色；基生叶和下部叶有柄，大头羽状分裂①，长7～15厘米，宽1～2.5厘米，顶生裂片较大，边缘有齿牙；上部叶无柄，矩圆形；总状花序顶生；花萼4，黄绿色；花瓣4，黄色②；雄蕊6，4长2短；长角果圆柱形②，长1～2毫米，宽1～1.5毫米，稍弯曲。

产于全省各平原地区，常见。生于路旁、水边、草丛中。

相似种：无瓣蔊菜【*Rorippa dubia*，十字花科 蔊菜属】叶羽状浅裂；萼片4，黄绿色③；花瓣缺；长角果条形。全省各地偶见；生境同上。**风花菜【*Rorippa globosa*，十字花科 蔊菜属】**叶倒卵披针形，边缘不整齐齿裂④；花黄色⑤；果实球形⑤。产全省各平原地区；生水边、湿润地带。

风花菜果实为短角果，其余二者为长角果；蔊菜有花瓣，无瓣蔊菜无花瓣。

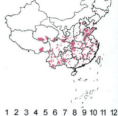

沼生蔊菜 十字花科 蔊菜属

Rorippa palustris

Bog Yellowcress　|　zhǎoshēnghàncài

一或二年生草本，光滑无毛；茎直立，单一或分枝；叶羽状深裂或大头羽裂①，长圆形至狭长圆形，长5～10厘米，宽1～3厘米，裂片3～7对，边缘不规则浅裂或呈深波状；总状花序顶生或腋生，果期伸长，花小，多数，黄色或淡黄色①，具纤细花梗，长3～5毫米；萼片长椭圆形；花瓣长倒卵形；雄蕊6，近等长；短角果短圆柱形或椭圆形②，长3～8毫米，宽1～3毫米。

产于全省各平原地区。生于水边、湿润处。

相似种：葶苈【*Draba nemorosa*，十字花科 葶苈属】基生叶莲座状③；茎生叶卵状披针形；花黄色④；短角果矩圆形④，有短柔毛。产全省各山区；生山地林缘、路旁。

沼生蔊菜较高大，叶明显羽裂，短角果圆柱形；葶苈植株矮小，短角果矩圆形，扁平。

播娘蒿　麦蒿　十字花科　播娘蒿属

Descurainia sophia

Herb Sophia ｜ bōniánghāo

一年生草本，有叉状毛；叶狭卵形，长3～5厘米，宽2～2.5厘米，2至3回羽状深裂③，末回裂片窄条形，长3～5毫米，宽1～1.5毫米，下部叶有柄，上部叶渐小，无柄；总状花序顶生；萼片4，直立，条形，早落；花瓣淡黄色②；长角果窄条形①，长2～3厘米，宽约1毫米，无毛；种子1行，矩圆形至卵形。

产于全省各平原地区。生于路旁、田边、草丛中，尤以麦田为多。

相似种：波齿糖芥【*Erysimum macilentum*，十字花科　糖芥属】叶披针形或条形④，边缘全缘或深波状；花淡黄色⑤；长角果圆柱形⑤；本种过去被误定为小花糖芥*E. cheiranthoides*，后者不产山东。产全省各地；生山地林缘、路旁、田边。

播娘蒿的叶多回羽状深裂，裂片窄条形；波齿叶糖芥的叶不裂，边缘仅有少量锯齿。

蓬子菜　茜草科　拉拉藤属

Galium verum

Yellow Spring Bedstraw ｜ péngzǐcài

多年生草本，茎直立，基部稍木质；枝有4棱角，被短柔毛；叶6～10片轮生①，无柄，条形，长1～3厘米，顶端急尖，边缘反卷，上面稍有光泽，仅下面沿中脉二侧被柔毛，干时常变黑色；聚伞花序顶生或腋生，通常在茎顶集成带叶的圆锥花序状，稍紧密；花小，黄色②，有短梗；花萼小，无毛，4裂；花冠辐状，4裂至基部，裂片卵形；果小，果爿双生，近球状③，直径约2毫米。

产于全省各山区。生于山地林缘、灌草丛中。

蓬子菜的叶多片轮生，条形；花小，黄色，4数，易于识别。

茴茴蒜　毛茛科 毛茛属

Ranunculus chinensis

Chinese Buttercup　｜　huíhuísuàn

1 2 3 4 5 6 7 8 9 10 11 12

多年生草本；茎与叶柄均有伸展的淡黄色糙毛；三出复叶①，互生，长3～8厘米，基生叶和下部叶具长柄；中央小叶具长柄，3深裂，裂片狭长，上部有少数不规则锯齿；花序具疏花；萼片5，淡绿色；花瓣5，黄色②，宽倒卵形；雄蕊和心皮均多数；聚合果椭圆形②，长约1厘米；瘦果扁，长约3.2毫米，无毛。

产于全省各平原地区。生于路旁、水边、湿润地带。

**相似种：石龙芮【*Ranunculus sceleratus*，毛茛科毛茛属】叶3深裂，裂片全缘或有疏圆齿；花黄色④；心皮70～130；聚合果长圆形④，瘦果宽卵形。产地同上；生水边、湿润地带。

茴茴蒜全株被开展的糙毛，小叶裂片的锯齿尖，聚合果长稍大于宽；石龙芮全株近无毛，叶裂片的锯齿圆，聚合果长明显大于宽。

毛茛　老虎脚迹 五虎草　毛茛科 毛茛属

Ranunculus japonicus

Japanese Buttercup　｜　máogèn

1 2 3 4 5 6 7 8 9 10 11 12

多年生草本；茎与叶柄均有伸展的柔毛；基生叶和茎下部叶有长柄；叶片轮廓五角形，长达6厘米，宽达7厘米，基部心形，3深裂①，中央裂片宽菱形或倒卵形，3浅裂，疏生锯齿，侧生裂片2裂；叶柄长达15厘米；花序具数朵花；萼片5，淡绿色，椭圆形，长4.5～6毫米，外被柔毛；花瓣5，黄色②，倒卵形，长6.5～11毫米；雄蕊和心皮均多数；聚合果近球形，径4～5毫米。

产于全省各山区。生于林缘、林下。

**相似种：路边青【*Geum aleppicum*，蔷薇科路边青属】茎生叶3浅裂或羽状分裂③④；花黄色（⑤左）；聚合果球形，宿存花柱先端有长钩刺（⑤右）。产鲁中南及胶东山区；生山地林缘、湿润处。

毛茛叶掌状3裂，果实无伸长的花柱；路边青叶羽裂，果实宿存花柱先端有长钩刺。

1 2 3 4 5 6 7 8 9 10 11 12

龙牙草 蔷薇科 龙牙草属

Agrimonia pilosa

Hairy Agrimony │ lóngyácǎo

多年生草本，全株密生长柔毛；奇数羽状复叶①，小叶5～7，无柄，椭圆状卵形或倒卵形，长3～6.5厘米，宽1～3厘米，边缘有锯齿；顶生总状花序①，多花，先端向一侧偏斜；苞片细小，常3裂；花黄色①，近无梗；萼筒顶端生一圈钩状刺毛②；花瓣5；瘦果倒圆锥形，萼裂片宿存，靠刺毛依附于动物身上传播种子。

产于全省各山区。生于山地林缘、灌草丛中。

相似种：莓叶委陵菜【*Potentilla fragarioides***，蔷薇科 委陵菜属】**奇数羽状复叶，小叶5～7，边缘有缺刻状锯齿，顶端三小叶较大④；花黄色③。产鲁中南及胶东山区；生山地林缘。

二者叶形相似：龙牙草的花序为总状花序，花小，萼筒顶端有钩状刺毛；莓叶委陵菜的花序为聚伞花序，花较大。

蛇莓 蔷薇科 蛇莓属

Duchesnea indica

Indian Strawberry │ shéméi

多年生草本，具长匍匐茎；三出复叶①，小叶倒卵形，长1.5～3厘米，宽1.2～3厘米，边缘具钝锯齿；花单生叶腋；副萼片5，先端3裂（②右上）；萼片披针形，比副萼片小；花瓣黄色②，倒卵形；花托扁平，果期膨大，红色②。

产于全省各山区及平原地区。生于山地林缘、路旁、草丛中。

相似种：绢毛匍匐委陵菜【*Potentilla reptans* var. *sericophylla***，蔷薇科 委陵菜属】**三出复叶，侧生小叶常分裂③；花单生叶腋，黄色③。主产全省各平原地区，山区也有；生田边、路旁、草丛中。**匍枝委陵菜【***Potentilla flagellaris***，蔷薇科 委陵菜属】**掌状复叶，小叶5④，有小裂片；花单生，黄色④。产全省各山区；生山地林缘。

蛇莓小叶3，副萼3裂，花托果期膨大，其余二者副萼不裂，花托不膨大；绢毛匍匐委陵菜小叶3，侧生小叶再分裂；匍枝委陵菜小叶5。

委陵菜 翻白草 蔷薇科 委陵菜属

Potentilla chinensis

Chinese Cinquefoil | wěilíngcài

多年生草本；茎丛生，直立或斜上，有白色柔毛；奇数羽状复叶，小叶15～25，矩圆形，长3～5厘米，宽1～1.5厘米，羽状中裂至深裂，裂片三角状披针形①，下面密生白色绵毛；聚伞花序顶生，总花梗和花梗被白毛；花黄色①。

产于全省各山区。生于山地林缘、路旁。

相似种：细裂委陵菜【*Potentilla chinensis* var. *lineariloba*，蔷薇科 委陵菜属】与委陵菜区别为：小叶羽状深裂，几达中脉②。产胶东山区；生山地林缘。翻白草【*Potentilla discolor*，蔷薇科 委陵菜属】小叶5～9，长椭圆形，长1.5～5厘米，边缘有缺刻状锯齿，下面密生白色绒毛③；花黄色③。产鲁中南及胶东山区；生境同上。

翻白草小叶边缘有锯齿，其余二者小叶边缘有裂片；委陵菜小叶羽状中裂至深裂，不达中脉；细裂委陵菜小叶深裂几达中脉；山东民间常将三者统称"翻白草"。

朝天委陵菜 蔷薇科 委陵菜属

Potentilla supina

Carpet Cinquefoil | cháotiānwěilíngcài

一或二年生草本，茎平铺或倾斜伸展，多分枝；奇数羽状复叶①②，互生，基生叶有小叶7～13，倒卵形或矩圆形，长0.6～3厘米，宽4～15毫米，先端钝圆，边缘有缺刻状锯齿；茎生叶与基生叶相似，有时为三出复叶；花单生于叶腋，黄色①②；花梗长8～15毫米；副萼片披针形；瘦果卵形，黄褐色，有纵皱纹。

产于全省各平原地区，极常见。生于田边、路旁、草丛中。

相似种：蒺藜【*Tribulus terrestris*，蒺藜科 蒺藜属】茎自基部分枝，平卧；偶数羽状复叶③；小叶基部稍偏斜；花单生叶腋④；果由5个分果爿组成，每果爿具长短刺剌各1对③。产地同上；生境同上。

朝天委陵菜为奇数羽状复叶，小叶有锯齿；蒺藜为偶数羽状复叶，小叶全缘，果实有刺。

马齿苋　马扎菜　马齿苋科 马齿苋属

Portulaca oleracea

Little Hogweed ｜ mǎchǐxiàn

一年生草本，植株肉质，无毛；茎带紫色，通常匍匐；叶楔状矩圆形或倒卵形①，先端圆钝，长10～25毫米，宽5～15毫米；花3～5朵生于枝顶端，无梗，每天开放1朵；苞片4～5，膜质；萼片2；花瓣5，黄色①；子房半下位，1室，柱头4～6裂；蒴果圆锥形，盖裂；种子多数，肾状卵形，黑色，有小疣状突起。

产于全省各地，为常见杂草，民间常作野菜食用。生于田间、路旁、草丛中。

相似种：火焰草【*Sedum stellariifolium*，景天科景天属】基生叶莲座状④，茎生叶互生，倒卵状菱形②；花瓣5，黄色③。产鲁中南及胶东山区；生山地、沟谷、石缝中。

马齿苋的叶先端圆钝，花瓣宽，先端凹，生于平原；繁缕叶景天的叶先端尖，花瓣窄，先端尖，生于山区。

费菜　土三七　景天科 费菜属

Phedimus aizoon

Fei Cai ｜ fèicài

多年生草本；叶互生，长披针形至倒披针形①，长5～8厘米，宽1.7～2厘米，顶端渐尖，基部楔形，边缘有不整齐的锯齿①，几无柄；聚伞花序，花密生；萼片5，条形，长3～5毫米；花瓣5，黄色①②，披针形；雄蕊10，较花瓣为短；心皮5，矩圆形；蓇葖果成星芒状排列。

产于全省山区。生于山地灌丛中。

相似种：垂盆草【*Sedum sarmentosum*，景天科景天属】3叶轮生，倒披针形③；花淡黄色。产鲁中南及胶东山区；生山地林缘。藓状景天【*Sedum polytrichoides*，景天科 景天属】茎细弱，丛生；叶互生，狭条形④；花黄色。产崂山、昆嵛山；生石缝中。

费菜的叶互生，边缘有锯齿；垂盆草叶轮生，全缘；藓状景天叶互生，全缘。

赶山鞭 小叶牛心菜 藤黄科 金丝桃属

Hypericum attenuatum

Atteuate St. Johnswort | gǎnshānbiān

多年生草本；叶对生，卵形或矩圆状卵形①，长1.5～3.5厘米，宽0.4～1厘米，基部渐狭，略抱茎，无柄，两面及边缘散生黑色腺点②；花序圆锥状，花多数；萼片5，顶端急尖，表面及边缘有黑色腺点；花瓣5，淡黄色①，沿表面及边缘有稀疏的黑色腺点；雄蕊多数，集成3束；花柱3，离生；蒴果卵圆形，长0.6～10厘米，成熟时先端三裂。

产于鲁中南及胶东山区。生于山地林缘、沟边、湿润处。

相似种：黄海棠【*Hypericum ascyron***，藤黄科金丝桃属】**叶披针形或长圆状卵形③；花序顶生；花瓣黄色④；雄蕊极多数，5束；蒴果卵状三角形。主产胶东山区；生林缘、水边。

赶山鞭的花小而多，径1.5～2.5厘米，茎、叶、花均有明显的黑色腺点；黄海棠的植株和花均较大，径4～8厘米，植株无明显的黑色腺点。

光果田麻 野芝麻棵子 椴树科 田麻属

Corchoropsis crenata var. *hupehensis*

Glabrous-fruit Corchoropsis | guāngguǒtiánmá

一年生草本；茎被柔毛；叶互生，卵形或狭卵形②，长15～4厘米，宽0.6～2.2厘米，边缘有钝牙齿②，两面均密生星状短柔毛，基出3脉；叶柄长0.2～1.2厘米；花单生叶腋；萼片5，狭披针形，长约2.5毫米；花瓣5，黄色①，倒卵形；蒴果角状圆柱形，长1.8～2.6厘米，无毛①，成熟时裂成三瓣；种子卵形，长约2毫米。

产于全省各山区。生于山地、沟谷。

相似种：田麻【*Corchoropsis crenata***，椴树科田麻属】**叶卵形，边缘有钝牙齿③；花瓣5，黄色；蒴果角状圆柱形，有星状柔毛④。产崂山；生林缘。

光果田麻的花较小，径6～8厘米，果实无毛；田麻的花较大，径10～15厘米，果实有星状毛。

苘麻　锦葵科 苘麻属
Abutilon theophrasti

Velvetleaf ｜ qīngmá

一年生草本；茎有柔毛；叶互生，圆心形①②，长5～10厘米，边缘具细圆锯齿，两面密生星状柔毛；叶柄长3～12厘米，被星状细柔毛；花腋生①②，花梗长1～3厘米，被柔毛，近端处有节；花萼杯状，密被短绒毛，裂片5，卵形；花黄色③，花瓣倒卵形；心皮15～20，排列成轮状；蒴果半球形，直径2厘米，分果片15～20，被粗毛，顶端有芒尖③；幼果可食；原为纤维作物，化纤出现后，逐渐被废弃。

全省各地区有野生或栽培。生于路旁、田边。

苘麻的叶为圆心形，花腋生，黄色，果实有一轮芒尖，熟后裂为数瓣，果实形状容易识别。

红柴胡　狭叶柴胡 软柴胡 伞形科 柴胡属
Bupleurum scorzonerifolium

Red Thorowax ｜ hóngcháihú

多年生草本；根长圆锥状，黄褐色；茎单一或2～3丛生，基部密被红色纤维状叶基残留物，多回分枝，呈"之"字形弯曲①；叶条形或窄条形①，长6～16厘米，宽2～7毫米，顶端渐尖，具短芒，基部渐狭，有5～7条纵脉，具白色骨质边缘；复伞形花序多数，组成疏松的圆锥花序；总苞片1～3，针形，伞幅3～8；小总苞片5，条形；花黄色①；双悬果宽椭圆形，长2.5毫米。

产于全省各山区。生于山地灌草丛中。

相似种：北柴胡【*Bupleurum chinense*，伞形科柴胡属】茎上部多分枝，稍呈"之"字形弯曲②；叶宽条状披针形②，宽6～8毫米；花黄色②。产地同上；生境同上。

红柴胡的叶条形，较窄；北柴胡的叶宽条状披针形，较宽。

荇菜 荇菜 龙胆科 荇菜属

Nymphoides peltata

Yellow Floatingheart │ xìngcài

多年生水生草本（①左上）：茎圆柱形，多分枝，沉水中，具不定根，地下茎生水底泥中，匍匐状；叶飘浮水面，圆形①，近草质，长1.5～7厘米，基部心形，上部的叶对生，其他的为互生；叶柄长5～10厘米，基部变宽，抱茎；花序生于叶腋；花黄色①，花梗稍长于叶柄；花萼5深裂，裂片卵圆状披针形；花冠5深裂，喉部具毛，裂片卵圆形，钝尖，边缘具齿毛①；雄蕊5，花丝短，花药狭箭形；子房基部具5蜜腺，花柱瓣状2裂；蒴果长椭圆形，径2.5厘米；种子边缘具纤毛。

产于全省各平原地区。生于池塘、湖泊中。

荇菜的叶圆形，飘浮于水面，花黄色，5数，花冠裂片边缘具齿毛，易于识别。

竹灵消 萝藦科 鹅绒藤属

Cynanchum inamoenum

Unpleasant Swallow-wort │ zhúlíngxiāo

多年生草本，基部多分枝；叶对生，卵形②，长4～5厘米，宽1.5～4厘米，顶端急尖，基部近心形，近无毛，叶缘有睫毛；伞形聚伞花序在茎上部互生，有花8～10朵；花黄色①，径约3毫米；花萼裂片5，披针形，近无毛；花冠辐状，裂片5枚，卵状矩圆形，无毛；副花冠较厚，裂片三角形①，急尖；蓇葖果双生，狭披针形③，长5厘米，径约5毫米；种子顶端具白绢质种毛。

产于全省各山区。生于山地林缘。

相似种：徐长卿【*Cynanchum paniculatum***，萝藦科 鹅绒藤属】**茎不分枝；叶对生，条形④，宽5～15毫米；花黄绿色（⑤上）；蓇葖果单生，披针状圆柱形（⑤下）。产全省各山区；生山地灌草丛中。

竹灵消茎多分枝，叶卵形，较宽；徐长卿茎不分枝，植株高达1米，叶条形，极窄。

酢浆草 酸溜溜 酢浆草科 酢浆草属

Oxalis corniculata

Creeping Woodsorrel | cùjiāngcǎo

草本，多分枝，茎柔弱，常平卧，节上生不定根，被疏柔毛；三小叶掌状复叶①，互生；小叶无柄，倒心形①，长4～16毫米，宽4～22毫米，先端凹入，基部宽楔形，两面被柔毛；叶柄细长，长2～6.5厘米，被柔毛；花1至数朵组成腋生的伞形花序，总花梗与叶柄等长；花黄色①，长8～10毫米；萼片5，矩圆形，顶端急尖，被柔毛；花瓣5，倒卵形；雄蕊10，5长5短，花丝基部合生成筒；子房5室，柱头5裂；蒴果近圆柱形，长1～1.5厘米，有5棱（①左上），被短柔毛。

产于全省各平原地区及山区，为常见杂草。生于田边、路旁、草丛中。

酢浆草为掌状三出复叶，小叶倒心形；花黄色，5数；蒴果长圆柱形，有棱。

败酱 黄花龙牙 败酱科 败酱属

Patrinia scabiosifolia

Pincushions-leaf Patrinia | bàijiàng

多年生草本，植株根部有特殊气味；基生叶卵形，有长柄，花时枯萎；茎生叶对生，长5～15厘米，羽状深裂①，裂片2～3对；叶柄长1～2厘米；聚伞圆锥花序生于枝端，集成疏松的伞房状；花萼不明显；花冠黄色，5裂；雄蕊4；瘦果边缘稍扁，成框窄翅状（①左上），无膜质增大苞片。

产于鲁中南及胶东山区。生于林缘、林下。

相似种：墓头回【*Patrinia heterophylla*，败酱科败酱属】基生叶不裂（③下），茎生叶常羽状深裂，裂片2～3对，中央裂片最大②；花黄色（③上）；雄蕊4；瘦果有翅状果苞。产地同上；生境同上。少蕊败酱【*Patrinia monandra*，败酱科 败酱属】叶不分裂或仅基部有1对小裂片④；花黄色；雄蕊常1枚，有时2～3⑤。产崂山，泰山；生林缘、水边。

败酱叶裂片较窄，果实有棱，但无明显膜质翅，其余二者均有翅状果苞；墓头回叶裂片较宽；少蕊败酱雄蕊少，常1枚，其余二者均4枚。

黄花菜 金针菜 黄花　百合科 萱草属

Hemerocallis citrina

Citron Daylily ｜ huánghuācài

多年生草本，具肉质肥大的纺锤状块根；叶基生，排成两列，条形①，长70～90厘米，宽1.5～2.5厘米，背面呈龙骨状突起；花葶高85～110厘米，聚伞花序集成成圆锥形，多花①；花黄色②，清香，花梗很短；花被长13～16厘米，下部3～5厘米合生成花被筒；裂片6②；雄蕊伸出，上弯。

产于全省各山区。生于山地林缘、林下。

相似种：北黄花菜【*Hemerocallis lilioasphodelus*，百合科　萱草属】聚伞花序多花③；花被筒长1.5～2.5毫米。主产胶东山区；生林缘、灌草丛中。小黄花菜【*Hemerocallis minor*，百合科　萱草属】花序具2～3朵花，有时为单花④；花被筒长1～2.5毫米。产全省各山区；生境同上。

黄花菜花较大，花被筒长3～5厘米，其余二者花被筒不超过3厘米；北黄花菜花序多花；小黄花菜花序仅1～3花。

少花万寿竹 百合科 万寿竹属

Disporum uniflorum

Few-flower Fairy Bells ｜ shǎohuāwànshòuzhú

多年生草本，根状茎肉质，横走，直径约5毫米；茎直立，上部具分枝；叶薄纸质至纸质，椭圆形、卵形、矩圆形至披针形①③，长4～15厘米，顶端骤渐尖，下面色较浅，脉上和边缘有乳头状突起，有横脉，有短柄至无柄；花钟状，黄色或淡黄色，1～3朵生于分枝顶端，下垂①；花梗长1～2厘米；花被片6，近于直伸，倒卵状披针形，下部渐窄而内面有细毛，基部具长1～2毫米的短距；花丝长约1.5厘米，花药长约4毫米，内藏；花柱长约1.5厘米，具3裂外弯的柱头②；浆果椭圆形或球形④，直径约1厘米，熟时黑色，种子深棕色，径约5毫米；本种过去被误定为宝铎草*D. sessile*，实际后者不产我国。

产于鲁中南及胶东山区。生于林缘、林下。

少花万寿竹的叶卵形或椭圆形；花黄色，钟状，数朵生于茎顶端，下垂，花被片直伸。

天蓝苜蓿 黑荚苜蓿 豆科 苜蓿属
Medicago lupulina
Black Medic ｜ tiānlánmùxu

一年生草本；羽状复叶具3小叶①；小叶宽倒卵状至菱形，长0.7～2厘米，先端钝圆，微缺，上部具锯齿，基部宽楔形，两面均有白色柔毛；托叶斜卵形；花10～15朵密集成头状花序（②上）；花萼钟状，有柔毛；花冠黄色（②上），稍长于花萼；荚果弯曲（②下），肾形，成熟时黑色，具纵纹，无刺，有疏柔毛，有种子1粒；种子黄褐色。

产于全省各山区及平原地区。生于田边、路旁、草丛中。

相似种：花苜蓿【*Medicago ruthenica*，豆科 苜蓿属】3小叶复叶③，小叶倒卵形，边缘有锯齿；花冠黄色，外面常带紫色④；荚果扁平，矩圆形。产鲁中南山区，数量较少；生山坡灌草丛中。

天蓝苜蓿为矮小草本，花极小，黄色；花苜蓿植株较高大，花稍大，花冠黄色，带紫色条纹。

草木樨 黄香草木樨 豆科 草木樨属
Melilotus officinalis
Yellow Sweetclover ｜ cǎomùxī

草本，植株有香气；羽状复叶具3小叶①；小叶椭圆形，长1.5～2.5厘米，宽0.3～0.6厘米，先端圆，具短尖头，边缘具锯齿；托叶三角形，基部宽，有时分裂；花排列成总状花序①，腋生；花萼钟状，萼齿三角形；花冠黄色②，旗瓣与翼瓣近等长；荚果卵圆形，稍有毛，网脉明显，有种子1粒；种子矩形，褐色。

产于全省各山区及平原地区。生于田边、路旁、草丛中。

相似种：印度草木樨【*Melilotus indicus*，豆科 草木樨属】3小叶复叶③，小叶倒披针形，边缘中部以上具疏锯齿；花冠黄色④，长2～2.8毫米。产地同上；生境同上。

草木樨叶通常较宽，花较大，花冠长3.5～6毫米；印度草木樨叶通常较窄，花较小，花冠长不及3毫米。

豆茶决明　山扁豆　豆科 矮含羞草属

Chamaecrista nomame

Nomame Senna | dòuchá juémíng

一年生草本；茎直立或铺散；偶数羽状复叶①，长4～8厘米；小叶16～56个，条状披针形①，长5～9毫米，宽约1.5～2毫米，先端圆或急尖，具短尖，基部圆，偏斜；花腋生，单生或2至数朵排成短的总状花序；花冠黄色②；雄蕊4，稀5个；子房密被短柔毛；荚果条形，扁平，长3～8厘米；种子6～12个，近菱形，平滑。

产于全省各山区。生于山地路旁、灌草丛中。

相似种：合萌【_Aeschynomene indica_，豆科 合萌属】偶数羽状复叶③；小叶20对以上；花冠黄色，带紫纹④；荚果条状矩圆形，有6～10荚节④。产鲁西北以外的全省各地；生山地林缘、水边。

二者叶形相似；豆茶决明的花为假蝶形花冠；合萌的花为蝶形花冠，常带紫色条纹，果实常有明显节荚。

大山黧豆　茳芒香豌豆　豆科 山黧豆属

Lathyrus davidii

David's Pea | dàshānlídòu

多年生高大草本，茎多枝；羽状复叶，先端具卷须②；小叶4～8，卵形或椭圆状卵形②，长3～10厘米，宽1.8～6厘米，先端急尖，基部圆形；托叶大，半箭头状；总状花序腋生；花冠初开时黄色①，后变橙黄色；荚果条形，稍扁②，长达11厘米；种子近圆形，棕褐色。

主产于鲁中南及胶东山区。生于沟谷林缘。

相似种：黄芪【_Astragalus penduliflorus_ subsp. _mongholicus_ var. _dahuricus_，豆科 黄芪属】奇数羽状复叶③，小叶21～31，椭圆形；花冠黄白色，边缘带红色（④左）；荚果膜质，膨胀（④右）。产鲁中南及胶东山区；生山地灌草丛中。

大山黧豆的叶先端具卷须，花黄色，后变橙黄色，荚果扁；黄芪的叶无卷须，花黄白色，荚果矩圆形，膜质膨胀。

阴行草 玄参科 阴行草属

Siphonostegia chinensis

Chinese Siphonostegia | yīnxíngcǎo

　　一年生草本，全株密被锈色短毛；叶对生，叶片2回羽状全裂①，裂片约3对，条形或条状披针形，宽1~2毫米，有小裂片1~3枚；花生于茎上部，成疏总状花序；花梗极短，有1对小苞片；萼筒长10~15毫米，有10条显著的主脉，萼齿5；花冠黄色②，上唇弓曲，呈盔状②，先端带红色，背部密被长纤毛；下唇3裂，有隆起的褶片；雄蕊4，2强；蒴果包于宿存萼内，矩圆形；种子黑色。

　　产于全省各山区。生于山地林缘、灌草丛中。

　　相似种：沟酸浆【*Mimulus tenellus*，玄参科 沟酸浆属】铺散状柔弱草本；叶卵形③；花单朵腋生，花萼具5棱，花冠黄色，略呈2唇形④；蒴果椭圆形。产鲁中南山区；生沟谷林缘、阴湿处。

　　阴行草的叶2回羽裂，花冠上唇盔状；沟酸浆的叶不裂，花冠上唇不呈盔状。

1 2 3 4 5 6 7 8 9 10 11 12

水金凤 辉菜花 凤仙花科 凤仙花属

Impatiens noli-tangere

Yellow Balsam | shuǐjīnfèng

　　一年生草本，茎直立，分枝；叶互生，卵形或椭圆形①，长5~10厘米，宽2~5厘米，先端钝或短渐尖，边缘有圆齿；花序有花2~3朵，总花梗腋生；花大，黄色，常有红色斑点①；侧萼片2，宽卵形，先端急尖；上面1枚花瓣背面中肋有龙骨突，下面1枚萼片花瓣状，基部延长成内弯的长距②；蒴果条状矩圆形，成熟时轻轻碰触即爆裂，将种子弹射出去。

　　产于鲁中南及胶东山区。生于水边、湿润处。

　　相似种：东方堇菜【*Viola orientalis*，堇菜科 堇菜属】叶宽卵形③，边缘有钝齿；花黄色，1~3朵生于叶腋；萼片5，基部有短的附属物；花瓣5，下方1枚有囊状短距④。产胶东山区；生山地林缘。

　　二者的花均为黄色，均有距，但形态和结构明显不同。

1 2 3 4 5 6 7 8 9 10 11 12

黄堇　罂粟科 紫堇属

Corydalis pallida

Yellow-flower Fumewort　| huáng jǐn

　　多年生草本；叶轮廓卵形，2至3回羽状全裂①，2回和3回裂片卵形或菱形，浅裂，稀深裂，小裂片卵形或狭卵形；顶生总状花序①，长达25厘米；苞片狭卵形至条形，萼片小；花瓣黄色②，上面花瓣有距，距圆筒形，约占花全长的1/3②；蒴果条形，串珠状（①右上），长达3厘米；种子黑色，扁球形。

　　产于鲁中南及胶东山区。生于林缘、林下。

　　相似种：小黄紫堇【*Corydalis raddeana*，罂粟科 紫堇属】叶2至3回羽状全裂③；花黄色，上面花瓣有距，约占花全长的1/2（④左）；蒴果倒披针形（④右）。产地同上；生沟谷林缘、水边。

　　黄堇的距约占花全长的1/3，果实条形，串珠状；小黄紫堇的距约占花全长的1/2，果实倒披针形，稍扁平。

欧亚旋覆花　大花旋覆花　菊科 旋覆花属

Inula britannica

British Yellowhead　| ōuyà xuánfùhuā

　　多年生草本；叶椭圆状披针形，基部宽大，心形或有耳，半抱茎（①右下）；头状花序数个生于枝端；总苞片4～5层，条状披针形，被毛和腺点；舌状花黄色①，舌片条形；管状花黄色①；瘦果圆柱形，被短毛；冠毛白色，与管状花近等长。

　　产于全省各平原地区及山区。生于山地路旁、灌草丛中、水边。

　　相似种：旋覆花【*Inula japonica*，菊科 旋覆花属】叶狭椭圆形②，基部略有半抱茎的小耳；花黄色③。产地同上；生境同上。线叶旋覆花【*Inula linariifolia*，菊科 旋覆花属】叶条状披针形⑤，边缘常反卷；花黄色④。产全省各山区；生山地灌草丛中。

　　线叶旋覆花的叶条状披针形，边缘反卷，其余二种的叶较宽；欧亚旋覆花的叶基部明显耳状，半抱茎；旋覆花的叶基部抱茎不明显。

甘菊　野菊花　菊科 菊属

Chrysanthemum lavandulifolium

Lavender-leaf Chrysanthemum　|　gān jú

多年生草本，有地下匍匐茎；叶卵形、宽卵形或椭圆状卵形，长2～5厘米，宽1.5～4.5厘米，2回羽状分裂①，1回全裂或几全裂，2回为半裂或浅裂；头状花序多数，在茎枝顶端排成复伞房花序①②；总苞碟形，直径5～7毫米，总苞片约5层，边缘膜质（②右上）；舌状花与管状花均为黄色②；瘦果长1.2～1.5毫米，无冠毛。

产于全省各山区，平原地区偶见。生于山地林缘、灌草丛中。

相似种：委陵菊【*Chrysanthemum potentilloides*，菊科 菊属】全部茎枝及叶下面灰白色，密被短柔毛；叶2回羽状分裂；总苞片外面密被短柔毛（③右上）；花黄色③。产鲁中南山区，如泰山、济南等地，较少见；生境同上。

委陵菊的茎枝、叶背面、总苞片背面均被灰白色柔毛；甘菊则无此特征。

剑叶金鸡菊　菊科 金鸡菊属

Coreopsis lanceolata

Lance-leaf Tickseed　|　jiàn yè jīn jī jú

多年生草本；基部叶匙形，不裂，茎生叶少数，对生，不裂或3深裂，顶裂片较大，长6～8厘米，宽1.5～2厘米，顶端钝；头状花序单生枝端①；总苞片内外层近等长，披针形；舌状花黄色②，舌片倒卵形，管状花黄色②，狭钟形；瘦果圆形，长2.5～3毫米，无冠毛，边缘有宽翅。

原产美洲，全省各地均有栽培，在胶东山区逸为野生。生于山地林缘、路旁。

相似种：天人菊【*Gaillardia pulchella*，菊科 天人菊属】叶互生，匙形或倒披针形③，边缘有钝齿或浅裂；舌状花基部紫红色，上部黄色③；管状花黄色。原产美洲，山东部分地区有栽培，在崂山逸为野生；生境同上。

剑叶金鸡菊叶对生，舌状花黄色；天人菊叶互生，舌状花上部黄色，基部紫红色。

火绒草 火绒蒿 大头毛香 菊科 火绒草属

Leontopodium leontopodioides

Common Edelweiss | huǒróngcǎo

多年生草本，茎密被长柔毛或绢状毛；叶条形或条状披针形②，长2～4.5厘米，宽0.2～0.5毫米，上面灰绿色，被柔毛，下面密被灰白色毛；头状花序数个，排列成伞房状，下部有苞叶，矩圆形或条形，两面被灰白色厚茸毛①；总苞半球形，长4～6毫米，被白色绵毛；花单性异株，只有管状花（①上为雌花序，下为雄花序）；瘦果有乳突或密绵毛，冠毛基部稍黄色。

产于全省各山区。生于山地灌草丛中。

相似种：鼠麹草【*Gnaphalium affine*，菊科 鼠麹草属】一或二年生草本，茎密被白色绵毛；叶互生，倒披针形或匙形③；头状花序在顶端密集成伞房状③；总苞片金黄色，干膜质；花黄色③。主产鲁中南及胶东山区；生山地路旁。

火绒草头状花序下面有苞叶；鼠麹草无苞叶。

腺梗豨莶 菊科 豨莶属

Siegesbeckia pubescens

Glandular-stalk St. Paulswort | xiàngěngxīxiān

一年生草本；茎上部多分枝，被开展的长柔毛和糙毛；叶卵圆形或卵形②，基出三脉，长4～12厘米，宽2～8厘米，边缘有尖头状粗齿；头状花序多数生于枝端，排成圆锥花序；花序梗和总苞片密生紫褐色头状具柄的腺毛和长柔毛①；总苞宽钟状，总苞片2层，外层匙形，长7～14毫米，内层长圆形，长3.5毫米；舌状花与管状花均为黄色①。

产于全省各山区及平原地区。生于沟谷、水边、湿润处。

相似种：豨莶【*Siegesbeckia orientalis*，菊科 豨莶属】茎分枝二歧状③；叶卵状披针形③；总苞片背面被紫褐色头状具柄腺毛，花序梗和枝上部则无此类腺毛；花黄色④。主产胶东山区；生境同上。

腺梗豨莶的茎上部及花序梗有紫褐色头状具柄腺毛，叶较宽；豨莶的茎上部和花序梗无此类腺毛，且分枝二歧状，叶较窄。

林荫千里光　黄菀　菊科　千里光属

Senecio nemorensis

Shady Groundsel　｜　línyīnqiānlǐguāng

多年生草本；叶互生，中部叶较大，披针形或矩圆状披针形，基部渐狭，近无柄而半抱茎，边缘有细锯齿①，长约15厘米，宽约5厘米，两面被疏毛或近无毛；上部叶条状披针形至条形③；头状花序多数，排列成复伞房状；总苞近柱状，基部有数个条形苞叶，总苞片1层，约10～12个，条状矩圆形，顶端三角形；舌状花约5个，黄色②；管状花多数；瘦果圆柱形，有纵沟，无毛；冠毛白色。

产于全省各山区。生于沟谷林缘、林下。

相似种：欧洲千里光【*Senecio vulgaris*，菊科千里光属】叶羽状浅裂或深裂③；头状花序排列成伞房状；总苞片条形④；管状花黄色。原产欧洲，在胶东地区逸为野生；生路旁、田边。

林荫千里光植株高大，头状花序有舌状花，叶不裂；欧洲千里光植株和头状花序均较小，无舌状花，叶羽裂。

狗舌草　菊科　狗舌草属

Tephroseris kirilowii

Kirilow's Groundsel　｜　gǒushécǎo

多年生草本，茎直立，被白色蛛丝状密毛；基生叶和茎下部叶倒卵状矩圆形②，长5～10厘米，宽1.5～2.5厘米，顶端钝，下部渐狭成翅状的柄，边缘有浅齿或近全缘，两面被蛛丝状密毛②；茎生叶少数，条状披针形至条形，基部抱茎，稍下延；头状花序5～11个，伞房状排列①，有长1.5～5厘米的梗；总苞筒状，总苞片1层④，条形或矩圆状披针形，背面被蛛丝状毛，边缘膜质；舌状花1层，黄色③，矩圆形；管状花多数，黄色③；瘦果有纵肋，被密毛，冠毛白色。

产于全省各山区。生于山地林缘、林下、灌草丛中。

狗舌草的基生叶密被蛛丝状毛，叶质厚，头状花序伞房状排列，总苞片1层，花黄色。

婆婆针 鬼针草 针刺草　菊科 鬼针草属

Bidens bipinnata

Spanish Needles ｜ pópozhēn

一年生草本；叶对生，2回羽状深裂（②左），裂片边缘具不规则细齿；头状花序总梗长2～10厘米；总苞片条状椭圆形；舌状花黄色（①左上），有1～5朵，不结实；管状花黄色，结实，长约5毫米，裂片5；瘦果条形，长约1～2厘米；冠毛芒状（①右下），3～4枚，可依附于动物身上传播。

产于全省各山区，平原地区也有。生于山地林缘、路旁。

相似种：金盏银盘【 *Bidens biternata*，菊科 鬼针草属**】**羽状复叶，小叶3裂（②右），裂片卵状披针形；舌状花1～4，黄色③；管状花黄色。产地同上；生境同上。**小花鬼针草【** *Bidens parviflora*，菊科 鬼针草属**】**叶2至3回羽状全裂，裂片条形④；无舌状花④；管状花黄色。产地同上；生境同上。

小花鬼针草的叶裂片细，无舌状花，其余二者均有舌状花；婆婆针的叶2回羽裂；金盏银盘为羽状复叶，小叶再3裂。

日本毛连菜 枪刀菜　菊科 毛连菜属

Picris japonica

Japanese Oxtongue ｜ rìběnmáoliáncài

二年或多年生草本；茎上部分枝，全部茎枝被钩状分叉的黑色硬毛；叶倒披针形①，长8～22厘米，宽1～3厘米，基部窄成具翅的叶柄，边缘有疏齿，两面被钩状的黑色硬毛；头状花序多数，在枝端排成疏伞房状；总苞筒状钟形，总苞片3层，背面被黑色硬毛②；花全为舌状，黄色②，顶端具5小齿；瘦果褐色（①左下），长3～5毫米。

产于全省各山区。生于山地灌草丛中。

相似种：毛连菜【 *Picris hieracioides*，菊科 毛连菜属**】**茎被亮色分叉的钩状硬毛，通常为绿色；叶两面和总苞背面均被硬毛③；花黄色③。产全省各山区，比上种少见；生境同上。

日本毛连菜的茎、叶、总苞片被黑色的钩状硬毛；毛连菜则被亮色的钩状硬毛，在野外观察时接近绿色。

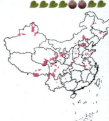

中华小苦荬　苦菜 山苦荬　菊科 小苦荬属

Ixeridium chinense

Chinese Ixeris　│　zhōnghuáxiǎokǔmǎi

　　多年生草本，全株可食，味苦；基生叶莲座状，条状披针形或倒披针形①，长7～15厘米，宽1～2厘米，顶端钝或急尖，不规则羽裂，有时全缘或具疏齿；茎生叶极少，无柄，稍抱茎，不裂或羽裂；头状花序排成疏伞房状聚伞花序①；总苞长7～9毫米；花全为舌状，黄色②或白色（另见202页），顶端5齿裂；瘦果狭披针形，冠毛白色。

　　产于全省各平原地区及山区。生于山地路旁、田边、草丛中。

　　相似种：蒲公英【*Taraxacum mongolicum***，菊科 蒲公英属**】叶全部基生，逆向羽状深裂，侧裂片三角形③；外层总苞片顶端具小角④；花舌状，黄色；瘦果倒卵状披针形，暗褐色（③左）。产地同上；生山地林缘、路旁、田边、草丛中。

　　中华小苦荬有茎生叶，头状花序较小，总苞片顶端无小角；蒲公英叶全部基生，头状花序较大，外层总苞片顶端有小角。

抱茎小苦荬　抱茎苦荬菜　菊科 小苦荬属

Ixeridium sonchifolium

Sowthistle-leaf Ixeris　│　bàojīngxiǎokǔmǎi

　　多年生草本；基生叶多数，矩圆形，长3.5～8厘米，宽1～2厘米，边缘具锯齿或不规则羽裂；茎生叶较小，卵状矩圆形，长2.5～6厘米，宽0.7～1.5厘米，基部耳形或戟形抱茎②，全缘或羽状分裂；头状花序排成伞房状①，有细梗；花全部舌状，黄色②，先端5齿裂；瘦果有细条纹。

　　产于全省各平原地区及山区。生于山地路旁、田边、草丛中。

　　相似种：黄瓜菜【*Paraixeris denticulata***，菊科 黄瓜菜属**】基生叶花期枯萎，卵形或披针形，边缘有波状齿或羽裂③；茎生叶舌状卵形，基部微抱茎；花舌状，黄色③。产全省各山区；生山地林缘、林下。

　　抱茎小苦荬基生叶在花期不枯萎，茎生叶抱茎，春夏季开花；黄瓜菜基生叶在花期枯萎，茎生叶微抱茎，秋季开花。

桃叶鸦葱　老虎嘴 皱叶鸦葱　菊科 鸦葱属

Scorzonera sinensis

Chinese Scorzonera　｜táoyèyācōng

多年生草本，根圆柱状；基生叶披针形，长5～30厘米，宽0.3～5厘米，无毛，有白粉，边缘强烈皱波状②，有时微波状①；茎单生或数个聚生，高5～15厘米，基部被稠密的纤维状鞘状残遗物；茎生叶鳞片状，长椭圆形；头状花序单生茎端，全为舌状花，黄色①；总苞卵形，外层总苞片宽卵形或三角形；瘦果圆柱状，冠毛白色，羽状。

主产于鲁中南山区。生于山地林缘、林下。

相似种：鸦葱【*Scorzonera austriaca*，菊科 鸦葱属】基生叶条形或条状披针形③，边缘平展；茎生叶鳞片状；头状花序单生枝端，花黄色③。产鲁中南山区，比上种少见；生境同上。

桃叶鸦葱基生叶披针形或宽披针形，边缘皱波状；鸦葱基生叶条形或条状披针形，边缘平展。

华北鸦葱　笔管草 白茎鸦葱　菊科 鸦葱属

Scorzonera albicaulis

Whitestem Scorzonera　｜huáběiyācōng

多年生草本；茎直立，中空，有沟纹，密被蛛丝状毛，后脱落；叶条形或宽条形②，有5～7脉，无毛或微被蛛丝状毛，基生叶长达40厘米，宽0.7～1.8厘米，茎生叶较短，抱茎；头状花序在枝端排成伞房状花序；总苞圆柱状，总苞片多层，三角状卵形；花全为舌状，黄色或淡黄色①②；瘦果长2.5厘米，冠毛污黄色，羽状②。

主产于鲁中南山区，胶东也有。生于山地林缘、灌草丛中。

相似种：蒙古鸦葱【*Scorzonera mongolica*，菊科 鸦葱属】茎平卧或匍匐上升，上部分枝；叶肉质③，灰绿色，条状披针形；花黄色④。主产鲁西北及胶东沿海地区；生盐碱地上。

华北鸦葱茎直立，高大，被蛛丝状毛，生于山区；蒙古鸦葱茎平卧或匍匐上升，无蛛丝状毛，叶肉质，生于海边盐碱地。

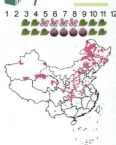

翅果菊 山莴苣 多裂翅果菊 菊科 翅果菊属

Pterocypsela indica

Indian Lettuce | chì guǒ jú

一或二年生草本，茎高大，上部有分枝；叶形多变，条形、长椭圆状条形或条状披针形，不分裂③或羽状浅裂至深裂①，边缘有缺刻状锯齿，基部扩大，戟形半抱茎；下部叶花期枯萎；头状花序在枝端排成圆锥花序，全为舌状花，黄色或淡黄色②；瘦果黑色，压扁，冠毛白色；多裂翅果菊*P. laciniata*区别在于叶羽状深裂，笔者认为是翅果菊的种内变异，不予承认。

产于全省各山区，平原地区也有。生于山地林缘、田边、水边。

相似种：黄鹌菜【*Youngia japonica*，菊科 黄鹌菜属】基生叶丛生，倒披针形，琴状或大头羽状半裂（⑤下）；茎生叶少数；头状花序小，排成圆锥花序（④），花黄色（⑤上）。产全省各平原地区；生路旁、草丛中。

翅果菊叶多茎生，头状花序径15毫米以上；黄鹌菜叶多基生，头状花序小，径不及8毫米。

苦苣菜 滇苦荬菜 菊科 苦苣菜属

Sonchus oleraceus

Common Sowthistle | kǔ jù cài

一年生草本；叶羽状深裂或大头羽裂①，长10～22厘米，宽5～10厘米，边缘有刺状尖齿，叶柄有翅，基部扩大抱茎；头状花序在茎端排成伞房状；总苞钟状，总苞片2～3层；花全为舌状，黄色②，极多数；瘦果压扁，冠毛白色。

产于全省各平原地区，常见。生于路旁、田边、草丛中。

相似种：续断菊【*Sonchus asper*，菊科 苦苣菜属】叶不裂或缺刻状半裂，边缘有刺状尖齿③，触摸有扎手的感觉；花黄色③。产地同；生境同上。长裂苦苣菜【*Sonchus brachyotus*，菊科 苦苣菜属】叶羽状浅裂或深裂，边缘无刺状尖齿⑤；花黄色④。主产鲁西北平原地区；生境同上。

续断菊叶缘有硬刺尖，触之扎手；苦苣菜叶缘有软刺尖，不扎手；长裂苦苣菜叶缘无刺尖。

草本植物 花黄色或淡黄色 小而多 组成头状花序

草本植物 花白色 辐射对称 花瓣二

露珠草　牛泷草　柳叶菜科 露珠草属

Circaea cordata

Cordate Enchanter's Nightshade ｜ lùzhūcǎo

多年生草本；茎绿色，密被开展的短柔毛；叶对生，卵形①，基部浅心形，长5～9厘米，宽4～8厘米，边缘全缘或有疏锯齿，两面均被短柔毛；叶柄长4～8厘米，被毛；总状花序顶生①，花序轴被短柔毛及短腺毛；苞片小；花两性；萼筒卵形，裂片2，绿色，长约1.5～2毫米；花瓣2，白色，宽倒卵形，短于萼裂片，顶端2浅裂①；雄蕊2；子房下位，2室；果实坚果状，倒卵状球形，长2.5～3毫米，直径约2.5毫米，外被浅棕色钩状毛①；果柄被毛，稍短于果实或近等长。

产于鲁中南及胶东山区，如泰山、崂山、鲁山、青州仰天山等地，较少见。生于林缘、水边、湿润处。

露珠草的叶为卵形，萼裂片、花瓣、雄蕊均为2，果实外面被钩状毛，易于识别。

东方泽泻　泽泻科 泽泻属

Alisma orientale

Water-plantain ｜ dōngfāngzéxiè

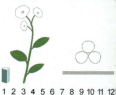

挺水草本；叶基生，椭圆形或宽卵形①，长2.5～18厘米，宽1～9厘米；伞形花序总梗长2～4厘米，再组成大型圆锥花序①，花序直立，长15～100厘米；外轮花被片3，萼片状，绿色，内轮花被片3，花瓣状，白色①，较外轮大；雄蕊6；心皮多数；瘦果两侧扁，长约2毫米。

主产于西部平原地区，以南四湖及黄河沿岸居多，其他地区偶见。生于水边、池塘、湖泊中。

相似种：野慈姑【*Sagittaria trifolia***，泽泻科 慈姑属】**挺水草本；叶箭形②；花3～5朵为一轮，白色③。产地同上；生境同上。**水鳖【***Hydrocharis dubia***，水鳖科 水鳖属】**浮水草本；叶圆形，背面有气囊状结构④；花从基部的苞片中伸出，白色④。产西部和北部平原地区；生池塘、湖泊中。

东方泽泻叶椭圆形，花小而密集；野慈姑叶箭形，花大而明显；水鳖为浮水草本，叶圆形。

硬毛南芥 十字花科 南芥属

Arabis hirsuta

Hairy Rockcress | yìngmáonánjiè

一年生草本，有展开的单硬毛和叉状毛；基生叶矩圆形，长2～3厘米，边缘具牙齿，叶柄长1～2厘米；茎生叶无柄，卵形，长2～5厘米，宽7～20毫米，基部心形，抱茎（①右下），边缘具细齿；总状花序顶生；花白色（①右上）；长角果条形，扁平，直立①，长2～6厘米；种子矩圆形，褐色。

产于鲁西北地区及胶东山区。生于山地林缘、路旁。

相似种：垂果南芥【*Arabis pendula*，十字花科 南芥属】叶长椭圆形；花白色②；长角果下垂②。产鲁中南及胶东山区；生山地林缘。盐芥【*Thellungiella salsuginea*，十字花科 盐芥属】植株无毛；叶基部箭形③，抱茎；花白色④。产黄河沿岸地区；生盐碱化的田边、水边。

盐芥植株无毛，生于盐碱地，其余二者有单毛、叉毛或星状毛；硬毛南芥果实长2～6厘米，直立；垂果南芥果实长4～10厘米，下垂。

碎米荠 十字花科 碎米荠属

Cardamine hirsuta

Hairy Bittercress | suìmǐjì

一年生草本；基生叶有柄，奇数羽状复叶①，小叶1～3对，顶生小叶圆肾形，长4～14毫米，有3～5圆齿，侧生小叶较小，歪斜；茎生叶小叶较窄；总状花序，花白色②；长角果条形②，长18～25毫米，果梗长5～8毫米；种子1行，褐色。

产于全省各平原地区，常见。生于路旁、田边、草丛中。

相似种：弹裂碎米荠【*Cardamine impatiens*，十字花科 碎米荠属】最下部1对小叶条形弯曲成耳状抱茎④；花白色③。产胶东山区；生林下、林缘。弯曲碎米荠【*Cardamine flexuosa*，十字花科 碎米荠属】茎上部稍呈之字形弯曲；顶生小叶卵形，顶端3裂⑤，侧生小叶条形；花白色⑤。产鲁中南及胶东平原地区；生路旁、田边。

弹裂碎米荠叶基部有耳状抱茎的小叶；碎米荠顶生小叶有圆齿，小叶较宽；弯曲碎米荠茎呈之字形弯曲，顶生小叶明显3裂，小叶较窄。

荠 荠菜　十字花科 荠属

Capsella bursa-pastoris

Shepherd's Purse　|　jì

一或二年生草本；茎直立，有分枝；基生叶丛生，叶形变化极大，一般为大头羽状分裂，长可达10厘米，边缘有浅裂或不规则粗锯齿；茎生叶狭披针形①，长1～2厘米，基部抱茎；总状花序顶生和腋生；花白色①；短角果倒心形①，长5～8毫米，宽4～7毫米，扁平，先端微凹。

产于全省各地，为常见野菜。生于路旁、田边、草丛中。

相似种：北美独行菜【*Lepidium virginicum*，十字花科 独行菜属】茎生叶倒披针形②，羽裂或有锯齿；花白色③；短角果近圆形②，扁平。原产美洲，鲁中南及胶东山区逸生；生林缘、路旁。菥蓂【*Thlaspi arvense*，十字花科 菥蓂属】花白色；短角果倒卵形，扁平，边缘有宽约3毫米的翅④。产泰山、青州等地；生路旁、草丛中。

荠的果实倒心形；北美独行菜的果实圆形，边缘无翅；菥蓂的果实边缘有宽翅。

高山蓼 蓼科 蓼属

Polygonum alpinum

Alaska Wild Rhubarb　|　gāoshānliǎo

多年生草本；茎直立，自中上部分枝；叶卵状披针形或披针形①，长3～9厘米，宽1～3厘米，顶端急尖，稀渐尖，边缘全缘，有短缘毛；叶柄长0.5～1厘米；托叶鞘膜质（①右下），褐色；花序圆锥状，顶生①②；苞片膜质，每苞内具2～4花；花梗细弱，无毛；花被5深裂，白色①；雄蕊8，花柱3；瘦果卵形，具3棱，有光泽，包于花被内；本种常被误定为叉分蓼*P. divaricatum*。

产于泰山及胶东地区。生于山地林缘、林下。

相似种：荞麦【*Fagopyrum esculentum*，蓼科 荞麦属】叶卵状三角形，基部戟形；花序总状或圆锥状③；花白色③，密集；瘦果有3棱，比花被长。产全省各山区；生林缘、路旁，野生或栽培。

高山蓼的叶披针形，果实比花被短；荞麦的叶三角形，基部戟形，果实长于花被。

鹅肠菜　牛繁缕 鹅儿肠　　石竹科 鹅肠菜属

Myosoton aquaticum

Giant Chickweed　｜　échángcài

多年生草本，茎多分枝；叶对生，卵形或宽卵形①，长2.5～5.5厘米，宽1～3厘米，基部近心形；上部叶常无柄或具极短柄；花顶生枝端或单生叶腋；花梗细长，有毛；萼片5，基部稍合生，外面有短柔毛；花瓣5，白色，远长于萼片，顶端2深裂达基部①；雄蕊10，花柱5①；蒴果5瓣裂。

产于全省各平原地区，常见。生于路旁、水边、草丛中。

相似种：繁缕【*Stellaria media*，石竹科 繁缕属】茎直立或平卧，纤弱；雄蕊3～5，花柱3，常产生闭锁花。产地同上；生田边、路旁、草丛中。**蚤缀**【*Arenaria serpyllifolia*，石竹科 蚤缀属】茎多分枝，簇生③；花瓣5，不裂④。产全省各山区及平原地区；生山地路旁、草丛中。

蚤缀的叶、花均较小，花瓣不裂，其余二者花瓣深裂达基部；鹅肠菜雄蕊10，花柱5；繁缕的叶、花比鹅肠菜稍小，雄蕊3～5，花柱3。

中国繁缕　　石竹科 繁缕属

Stellaria chinensis

Chinese Starwort　｜　zhōngguófánlǚ

多年生草本；茎细弱，无毛；叶对生，卵状椭圆形②，长3～4厘米，宽1～1.6厘米，全缘，上部的叶渐小；叶柄有柔毛，中上部叶的叶柄渐缩短；聚伞花序常生于叶腋，有细长总花梗；花梗细，在果时长1厘米以上；萼片5，披针形；花瓣5，白色①，与萼片近等长，2深裂达基部①；雄蕊10，比花瓣稍短；子房卵形，花柱3，丝形；蒴果卵形，比萼片稍长；种子卵形，稍扁，褐色。

主产于鲁中南山区。生于山地林缘、林下。

相似种：沼生繁缕【*Stellaria palustris*，石竹科 繁缕属】叶条状披针形③，无柄；二歧聚伞花序；花瓣白色③，2深裂；雄蕊10，花柱3。产地同上；生山地、沟谷、湿润处。

中国繁缕的叶较宽，卵状椭圆形，有柄；沼生繁缕的叶狭窄，条状披针形，无柄。

孩儿参 太子参 石竹科 孩儿参属

Pseudostellaria heterophylla

Heterophyllous Pseudostellaria | hái'érshēn

多年生草本，块根长纺锤形，肥厚；叶对生，少数，下部叶匙形或倒披针形，基部渐狭，上部叶卵状披针形①②，茎顶端两对叶稍密集，较大，成十字形排列②；花二型：普通花1～3朵顶生，白色①；萼片5，披针形；花瓣5，矩圆形或倒卵形，顶端2齿裂；雄蕊10；子房卵形，花柱3，条形；闭锁花生茎下部叶腋，小形，萼片4，无花瓣；蒴果卵形，有少数种子；种子褐色，扁圆形。

产于鲁中南及胶东山区。生于林缘、林下、湿润处。

相似种：蔓孩儿参【*Pseudostellaria davidii*，石竹科 孩儿参属】茎匍匐蔓生；叶卵形③；花二型：普通花单生枝端梢，5数，有花瓣③；闭锁花1～2朵腋生，4数，无花瓣④。产地同上；生林缘、林下。

孩儿参茎直立，叶少数，茎顶端两对叶成十字形；蔓孩儿参茎蔓生，叶多数。

长蕊石头花 霞草 石竹科 石头花属

Gypsophila oldhamiana

Oldham's Baby's-breath | chángruǐ shí tóuhuā

多年生草本，全株无毛，粉绿色；茎多数，上部分枝；叶矩圆状披针形①，长4～6厘米，宽5～12毫米，有3条纵脉，上部叶较狭，条形；聚伞花序顶生①，稍开展；花梗长约5毫米；花萼钟状（②下），裂片5，矩圆形，钝头，边缘白色；花瓣5，白色（②上），偶有粉红色，倒卵形，超出花萼外；雄蕊10；子房卵圆形，花柱2，伸出花冠外；蒴果比萼稍长，有少数种子；嫩株可食，作野菜。

产于全省各山区。生于山地林缘、灌草丛中。

相似种：女娄菜【*Silene aprica*，石竹科 蝇子草属】全株密生短柔毛；叶条状披针形（③下）；花瓣5，白色④，偶有粉红色，顶端2浅裂（③上）；雄蕊10，花柱3。产地同上；生境同上。

长蕊石头花植株无毛，花序较密，花柱2，花期夏秋；女娄菜植株有毛，花序疏散，花瓣顶端2浅裂，花柱3，花期春夏。

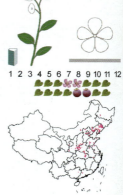

狭叶珍珠菜　　报春花科 珍珠菜属

Lysimachia pentapetala

Fivepetal Loosestrife ｜ xiáyèzhēnzhūcài

1 2 3 4 5 6 7 8 9 10 11 12

一年生草本；叶互生，条状披针形①，长2～7厘米，宽2～8毫米，背面常有赤褐色腺点；秋季新出苗的叶较宽，对生（①右下）；总状花序顶生，初时密集成头状，后渐伸长①；花梗长5～10毫米；花萼合生至中部以上；花冠白色，深裂至基部，较花萼长1倍；蒴果球形（①左上），径4毫米。

产于全省各山区。生于山地林缘、林下、灌草丛中。

相似种：狼尾花【*Lysimachia barystachys*，报春花科 珍珠菜属】叶窄披针形（③下），无腺点；花序向一侧下垂②，花白色③（③上）。产地同上；生境同上。**矮桃【*Lysimachia clethroides*，报春花科 珍珠菜属**】叶宽披针形④，有腺点；花序偏向一侧，花白色。产胶东山区；生山地林缘。

狭叶珍珠菜的叶背面有明显腺点，花序直立，其余二者花序向一侧下垂；狼尾花的叶较窄，花径6～8毫米；矮桃的叶较宽，花径9～10毫米。

1 2 3 4 5 6 7 8 9 10 11 12

1 2 3 4 5 6 7 8 9 10 11 12

点地梅　喉咙草 铜钱草　报春花科 点地梅属

Androsace umbellata

Umbellate Rockjasmine ｜ diǎndìméi

1 2 3 4 5 6 7 8 9 10 11 12

一或二年生草本，全株被节状的细柔毛；叶10～30片，全部基生①，圆形至心状圆形，直径5～15毫米，边缘具三角状裂齿①；叶柄长1～2厘米；花葶数条，由基部抽出①，高5～12厘米，顶端着生伞形花序；花序有花4～15朵；苞片卵形至披针形，长4～7毫米；花梗长2～3.5厘米；花萼5深裂，裂片卵形，长2～3毫米，有明显的纵脉3～6条；花冠白色或稍带粉红色（①右下），漏斗状，喉部紧缩，稍长于萼，5裂；雄蕊着生于花冠筒中部，长约1.5毫米；蒴果近球形，径约4毫米。

产于全省各山区，平原地区也有。生于山地路旁、灌草丛中。

点地梅的叶全部基生，边缘有裂齿；花葶数条，伞形花序，花冠五裂，雄蕊内藏。

山东银莲花

毛茛科 银莲花属

Anemone shikokiana

Shandong Anemone | shāndōngyínliánhuā

多年生草本，根状茎长约5厘米；基生叶4～7，有长柄；叶片椭圆状狭卵形，长1.5～2.8厘米，宽1.1～2.2厘米，基部心形，3全裂①，表面近无毛，背面和边缘密被长柔毛，叶柄长3～4.5厘米，有密柔毛；花莛数个，直立或渐升，长4.5～13厘米，密被长柔毛；苞片3，叶状②，无柄，三深裂；花梗长0.5～3.5厘米，有柔毛；萼片一般5枚②，白色，倒卵状长圆形或倒卵形，无毛或外面有疏柔毛；无花瓣；雄蕊多数，花药椭圆形；心皮约30，无毛；瘦果扁平③，椭圆形，长约6.5毫米，有宽边缘③，无毛，顶端有弯曲的短宿存花柱③。

产于胶东山区。生于山地灌草丛中。

山东银莲花的叶掌状分裂，花序顶生枝端，萼片5，白色，无花瓣，瘦果扁平。

挂金灯

红姑娘 茄科 酸浆属

Physalis alkekengi var. *franchetii*

Franchet's Groundcherry | guàjīndēng

多年生草本，茎直立，节部稍膨大；叶在茎下部互生，在上部成假对生，长卵形、宽卵形或菱状卵形①，长5～15厘米，宽2～8厘米，顶端渐尖，基部偏斜，全缘、波状或有粗齿，有柔毛；叶柄长1～3厘米；花单生于叶腋，俯垂①；花萼钟状，有柔毛，5裂；花冠辐状，白色①，外面有短柔毛；浆果球形，橙红色，直径1～1.5厘米，包于膨大的宿萼中，宿萼卵形②，长3～4厘米。

产于鲁中南及胶东山区。生于山地路旁。

相似种：小酸浆【*Physalis minima***，茄科 酸浆属】**茎平卧或斜升；叶卵形③；花腋生；花冠辐状，白色或淡黄色④；果梗细瘦，浆果球形，包于宿萼中④。产地同上；生境同上。

挂金灯茎直立，叶、花均较大；小酸浆茎平卧或斜升，叶、花均较小，花径不及1厘米。

龙葵　茄科 茄属

Solanum nigrum

Black Nightshade　│　lóngkuí

一年生草本，茎直立，多分枝；叶卵形①，长2.5～10厘米，宽1.5～5.5厘米，先端短尖，基部楔形至阔楔形而下延至叶柄，全缘或有不规则的波状粗齿，两面光滑或有疏短柔毛；叶柄长1～2厘米；聚伞花序腋外生①，有4～10朵花，总花梗长1～2.5厘米，花梗长约5毫米；花萼小，浅杯状；花冠白色（①左下），辐状，筒部短，隐于萼内，裂片卵状三角形；雄蕊5；子房卵形，花柱中部以下有白色绒毛；浆果球形，直径约8毫米，熟时黑色（①右上），可食；种子多数，近卵形，压扁状。

产于全省各平原地区，为常见杂草。生于路旁、田边、草丛中。

龙葵的叶卵形，边缘全缘或有不规则的波状粗齿；聚伞花序腋外生，花白色；果实熟时黑色。

曼陀罗　臭蓑麻　茄科 曼陀罗属

Datura stramonium

Jimsonweed　│　màntuóluó

多年生草本，有时半灌木状；叶宽卵形①，长8～12厘米，宽4～12厘米，顶端渐尖，基部不对称，边缘有不规则波状浅裂，裂片三角形①，有时具疏齿；叶柄长3～5厘米；花夜间开放，常单生于枝分叉处或叶腋，直立；花萼筒状，有5棱角；花冠漏斗状，下部淡绿色，上部白色①，偶有紫色；雄蕊5；子房卵形；蒴果直立②，卵形，长3～4厘米，表面生有坚硬的针刺②，成熟后4瓣裂。

产于全省各平原地区，山区偶见。生于路旁、田边、垃圾堆、建筑荒地。

相似种：毛曼陀罗【*Datura inoxia***，茄科 曼陀罗属】叶全缘或有波状疏齿，两面被柔毛；花萼筒圆柱状，无棱角；花冠白色③；蒴果下垂④，表面密生针刺和灰白色柔毛④。产地同上；生境同上。

曼陀罗植株被毛少，花萼筒有5棱，果实直立；毛曼陀罗全株被腺毛和柔毛，花萼筒无棱，果实下垂。

野西瓜苗 灯笼棵 香铃草　锦葵科 木槿属

Hibiscus trionum

Flower of an Hour ｜ yěxīguāmiáo

一年生草本；茎柔软，被白色星状粗毛；下部叶圆形，不分裂，上部叶掌状3～5全裂①，直径3～6厘米；裂片倒卵形，通常羽状分裂，两面有星状粗刺毛；叶柄长2～4厘米；花单生叶腋；花梗果时延长达4厘米；小苞片12，条形，长8毫米；萼钟形，淡绿色，长1.5～2厘米，裂片5，膜质，三角形，有紫色条纹③；花瓣白色②，有时带淡黄色，内面基部深紫色；蒴果球形，径约1厘米，有粗毛，果瓣5，包于萼中。

原产非洲，全省各地有逸生，为常见杂草。生于路旁、田边。

野西瓜苗的叶掌裂，花萼钟形，裂片膜质，聚在一起，有紫色条纹，花瓣白色，内面基部深紫色，易于识别。

田紫草 麦家公　紫草科 紫草属

Lithospermum arvense

Corn Gromwell ｜ tiánzǐcǎo

一年生草本；茎有糙伏毛，自基部或上部分枝；叶无柄或近无柄，倒披针形或条状披针形①，长1.5～4厘米，宽3～7毫米，两面有短糙伏毛①；卷伞花序，有密糙伏毛；苞片条状披针形，长达1.5厘米；花萼5裂近基部，裂片披针状条形；花冠白色①或淡红色(另见212页)，5裂；雄蕊5，生花冠筒中部之下，花药顶端具短尖；子房4深裂，柱头近球形；小坚果4，有瘤状突起(①右下)。

产于全省各平原地区。生于田边、路旁。

相似种：砂引草【Tournefortia sibirica，紫草科紫丹属】叶狭矩圆形至条形②，两面密生长柔毛；花冠白色，喉部带黄色③；核果球形④，有短毛。产鲁西北和胶东沿海地区；生盐碱地上。

田紫草花较小，子房4深裂，果实为4个小坚果；砂引草花较大，花冠喉带黄色，子房不4深裂，果实为核果，生于盐碱地。

荠苨 杏叶菜 老母鸡肉 桔梗科 沙参属

Adenophora trachelioides

Throatwort-like Lady Bells | jìnǐ

多年生草本，有白色乳汁；茎无毛，稍之字形弯曲；叶互生，有柄；叶片心状卵形或三角状卵形①，长4～12厘米，宽2.5～7.5厘米，基部心形，边缘有不整齐的牙齿，两面疏生短毛或近无毛；圆锥花序长达35厘米，无毛，分枝近平展；花萼无毛，裂片5，三角状披针形②；花冠白色②或蓝色（另见214页），钟状，无毛，5浅裂②；雄蕊5；花盘短圆筒状；子房下位，花柱与花冠近等长。

产于全省各山区。生于山地林缘、林下、灌草丛中。

相似种：细叶沙参【*Adenophora paniculata*，桔梗科 沙参属】叶变异较大，条形至椭圆形（③右上）；圆锥花序③；花冠筒状，裂片反卷；花柱伸出花冠外④。产鲁中南及胶东山区；生境同上。

荠苨的叶心状卵形，有长柄，花冠钟状，花柱不伸出花冠外；细叶沙参的叶条形至椭圆形，无柄或有短柄，花冠筒状，花柱伸出花冠外。

1 2 3 4 5 6 7 8 9 10 11 12

小窃衣 破子草 伞形科 窃衣属

Torilis japonica

Erect Hedgeparsley | xiǎoqièyī

一或二年生草本，全株有贴伏短硬毛；叶片1至2回羽状分裂①，小叶披针形至矩圆形，长0.5～6厘米，宽2～15毫米，边缘有整齐条裂状牙齿至缺刻；叶柄长约2厘米；复伞形花序；总花梗长2～20厘米；总苞片4～10，条形，伞幅4～10；小总苞片钻形；花小，白色①；双悬果卵形，长1.5～3毫米，有斜向上内弯的具钩皮刺②。

主产于全省各平原地区。生于路旁、水边、湿润处。

相似种：变豆菜【*Sanicula chinensis*，伞形科 变豆菜属】叶3深裂③，裂片边缘具尖锐重锯齿；伞形花序2至3回二歧分枝；花白色或绿白色；双悬果卵形，密生直立的具钩皮刺④。产鲁中南及胶东山区；生林缘、林下。

小窃衣的叶1至2回羽状分裂，果实较小，皮刺斜向上内弯，常生于水边；变豆菜的叶掌状分裂，果实较大，皮刺直立，生于山区。

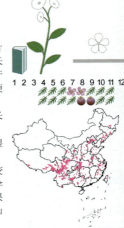

1 2 3 4 5 6 7 8 9 10 11 12

蛇床　伞形科 蛇床属

Cnidium monnieri

Monnier's Snowparsley　｜　shéchuáng

一年生草本；茎有分枝，疏生细柔毛；基生叶矩圆形或卵形，长5～10厘米，2至3回三出式羽状分裂①，最终裂片狭条形或条状披针形①，长2～10毫米，宽1～3毫米；叶柄长4～8厘米；复伞形花序；总花梗长3～6厘米；总苞片8～10，条形，伞幅10～30；小总苞片2～3；花白色②；双悬果宽椭圆形，长2.5～3毫米，果棱成翅状。

产于全省各地平原地区。生于水边、湿润处。

相似种：水芹【*Oenanthe javanica***，伞形科　水芹属】**茎基部匍匐；叶1至2回羽状分裂，最终裂片卵形③，边缘有不整齐锯齿；花白色④；双悬果椭圆形。产地同上；生境同上。

二者均喜生水边；蛇床的叶最终裂片较细；水芹的叶最终裂片卵形，较宽。

拐芹　拐芹当归 山芹菜　伞形科 当归属

Angelica polymorpha

Chinese Angelica　｜　guǎiqín

多年生高大草本，根圆锥形；茎中空，光滑无毛，节部常带紫色；叶2至3回三出式羽状分裂①，第1回羽片有向下弧状弯曲的柄，叶柄下部膨大成半抱茎的鞘；茎上部叶简化为无叶或带小叶、膨大的叶鞘①；末回裂片卵形或菱状长圆形，边缘有重锯齿或缺刻状深裂；复伞形花序，伞幅11～20；小总苞片狭条形；花白色（①右下），花瓣匙形，顶端内曲；果实长圆形，侧棱翅状（①右上）。

产于鲁中南及胶东山区，尤以胶东为多。生于林缘、林下、湿润处。

相似种：短毛独活【*Heracleum moellendorffii***，伞形科　独活属】**叶三出式羽状全裂②；上部叶有膨大的叶鞘；复伞形花序，边花的外侧花瓣增大成辐射瓣③；花白色；双悬果倒卵形，扁平④。产蒙山及胶东山区；生林缘、林下。

拐芹花序边花不增大，果实侧棱翅状；短毛独活边花有增大的辐射瓣，果实棱翅不明显。

长冬草　铁扫帚 黑老婆秧　　毛茛科 铁线莲属

Clematis hexapetala var. *tchefouensis*

Zhifu Sixpetal Clematis　│　chángdōngcǎo

多年生草本；茎有纵棱，疏生短毛；叶对生，1至2回羽状深裂①②，裂片条状披针形至椭圆形，或条形，长1.5～10厘米，宽0.3～2厘米，两面无毛或下面疏被毛，网脉明显；聚伞花序顶生，具花1至数朵；苞片条状披针形；萼片4～8，通常6，白色①，开展，狭倒卵形，长1.5～1.7厘米，宽6～10毫米，顶端圆形，两面无毛，边缘稍有绒毛；无花瓣；雄蕊多数，长约9毫米，无毛；心皮多数；瘦果倒卵形，扁，长约4毫米，有紧贴的柔毛，宿存花柱羽毛状②，长达2.2厘米。

产于全省各山区，尤以胶东为多。生于山地林缘、灌草丛中。

长冬草的叶对生，1至2回羽状深裂，花序顶生，花白色，萼片通常6，无花瓣，雄蕊多数，瘦果具宿存的羽毛状花柱。

野韭　　百合科 葱属

Allium ramosum

Chinese Chives　│　yějiǔ

多年生草本，鳞茎近圆柱状，外皮黄褐色，破裂成纤维状；叶三棱状条形①，长10～30厘米，背面具呈龙骨状隆起的纵棱，中空；花葶圆柱状，具纵棱，比叶长；伞形花序半球状②，多花，花苞单侧开裂至2裂，宿存；花被片6，排成2轮，白色②，背面具红色中脉；雄蕊6②，基部全生并与花被片贴生；蒴果三棱状球形，果瓣近圆形；全株可食，味道与韭菜相似。

产于全省各山区。生于山地林缘、林下。

相似种：花蔺【*Butomus umbellatus*，花蔺科 花蔺属】挺水草本；叶条形③，长30～120厘米；伞形花序③；花被片6，两轮，白色带淡红色③；雄蕊9，心皮6；蓇葖果。鲁西北地区偶见；生水中。

野韭植株较矮，花较小，雄蕊6，心皮合生，蒴果，生于山区；花蔺植株高大，花径2厘米以上，心皮分离，蓇葖果，生于水中。

老鸦瓣 山慈姑 百合科 郁金香属
Tulipa edulis
Edible Tulip | lǎoyābàn

多年生草本，鳞茎卵形，外皮灰棕色，纸质；叶1对，条形①，长15～25厘米，宽3～13毫米；花葶单一或分叉，从1对叶中生出，高10～20厘米，有2枚对生或3枚轮生的苞片，苞片条形，长2～3厘米；花1朵，花被片6，排成两轮，矩圆状披针形，白色②，背面有紫色脉纹②；雄蕊6，子房长椭圆形；蒴果近球形，直径约1.2厘米。

产于全省各山区。生于山地林缘。

相似种：山东万寿竹【*Disporum smilacinum*，百合科 万寿竹属】叶互生，卵形③，宽1.5～3厘米；花顶生，向一侧俯垂③；花被片6，两轮，白色④，稍张开；浆果熟时黑色。产胶东山区；生林缘、林下、湿润处。

老鸦瓣的叶仅两枚，条形，花较大，但数枚鳞茎常生在一起，故看似叶多枚；山东万寿竹的叶多数，卵形，花较小。

鹿药 百合科 舞鹤草属
Maianthemum japonicum
Japanese False Solomon's Seal | lùyào

多年生草本，根状茎圆柱状，有时具膨大结节；叶互生，卵状椭圆形或狭矩圆形①，长6～13厘米，宽3～7厘米，两面疏被粗毛或近无毛，具短柄；圆锥花序顶生①，具花10～20余朵，长3～6厘米，被毛；花被片6②，排成两轮，白色②，离生或仅基部稍合生，矩圆形或矩圆状倒卵形；雄蕊6；浆果近球形，红色，具种子1～2颗。

产于鲁中南及胶东山区。生于林缘、林下、湿润处。

相似种：铃兰【*Convallaria majalis*，百合科 铃兰属】叶通常2枚③，极少3枚，椭圆形；总状花序偏向一侧④；花白色，下垂，钟状④，花被顶端6浅裂⑤。主产胶东山区；生山坡林缘、林下。

鹿药叶多枚，圆锥花序，花小而多，花被片开展，离生或基部稍合生；铃兰叶仅两枚，总状花序偏向一侧，花下垂，花被片合生。

草本植物 花白色 辐射对称 花瓣六

玉竹　萎蕤 尾参 铃铛菜　　百合科 黄精属

Polygonatum odoratum

Fragrant Solomon's Seal　|　yùzhú

　　多年生草本，根状茎圆柱形；茎偏向一侧①；叶互生，椭圆形至卵状矩圆形①，长5～12厘米；花序腋生①，具1～3花，总花梗长1～1.5厘米；花被筒状，白色，顶端绿色①，裂片6；雄蕊6，花丝着生近花被筒中部；浆果球形，熟时蓝黑色。

　　产于全省各山区。生于山地林缘、林下。

　　相似种：黄精【*Polygonatum sibiricum*，百合科黄精属】叶4～6枚轮生②③，条状披针形，顶端卷曲成钩；花序俯垂②；花乳白色②；果球形②。产鲁中南及胶东山区；生林缘、林下、湿润处。二苞黄精【*Polygonatum involucratum*，百合科 黄精属】叶互生，卵形；花序具2花，顶端有2枚叶片状苞片④；花白绿色④。产胶东山区；生境同上。

　　黄精叶轮生，条状披针形，其余二者叶互生，近卵形；玉竹的花序无叶状苞片；二苞黄精的花序有两枚叶状苞片。

白花草木樨　白香草木樨　　豆科 草木樨属

Melilotus albus

White Sweetclover　|　báihuācǎomùxī

　　二年生草本，全草有香气；3小叶复叶①，互生，小叶椭圆形或披针状椭圆形，长2～3.5厘米，宽0.5～1.2厘米，先端截形，微凹，边缘具细齿①；托叶狭三角形；总状花序腋生①；萼钟状，有微柔毛，萼齿三角形，与萼筒等长；花冠白色②，较萼长，旗瓣比翼瓣稍长；荚果卵球形，灰棕色，有种子1～2粒；种子褐黄色，肾形。

　　产于全省各山区及平原地区。生于田边、路旁、草丛中。

　　相似种：草木樨状黄芪【*Astragalus melilotoides*，豆科 黄芪属】小叶条状矩圆形，下部叶常具5小叶③，上部叶常具3小叶；总状花序多花，疏生；花冠白色略带淡红色④；荚果小，近圆形⑤。产全省各山区；生山地林缘、灌草丛中。

　　白花草木樨小叶3，边缘具齿；草木樨状黄芪小叶3或5，边缘全缘。

草本植物 花白色 两侧对称 蝶形

糙叶黄芪 粗糙紫云英   豆科 黄芪属

Astragalus scaberrimus

Scabrous Milkvetch | cāoyèhuángqí

多年生矮小草本①；根状茎短缩，多分枝，木质化；地上茎不明显或极短，有时伸长而匍匐①，全株密生白色丁字毛③④；奇数羽状复叶③④，小叶7～15，椭圆形，长5～15毫米，宽3～8毫米，先端圆，有短尖，基部圆楔形，无小叶柄；托叶狭三角形，先端长渐尖；总状花序腋生③④，3～5花；苞片披针形，较花梗长；花萼筒状，萼齿披针形；花冠白色带淡蓝色②或淡黄色④，旗瓣较翼瓣和龙骨瓣长，先端微凹；子房有短毛；荚果圆柱形，微弯，密生白色丁字毛，长1～1.5厘米，先端有硬尖，无子房柄。

产于全省各山区及平原地区。生于山地林缘、田边、路旁、草丛中。

糙叶黄芪地上茎不明显或匍匐，植株密被白色丁字毛；奇数羽状复叶；花白色带淡蓝色或淡黄色，在早春花期时常见。

荆芥 唇形科 荆芥属

Nepeta cataria

Catnip | jīngjiè

多年生草本；叶卵状至三角状心形①，长2.5～7厘米，两面被短柔毛；聚伞花序二歧状分枝，组成顶生的圆锥花序；苞片爪状，小苞片钻形；花萼筒状，齿5；花冠白色，有紫色斑点②，二唇形，下唇3裂，中裂片扇形，边缘有圆齿②。

产于鲁中南及胶东山区。生于林缘、水边、灌草丛中。

相似种：錾菜【*Leonurus pseudomacranthus***，唇形科 益母草属】**下部叶3裂达中部，上部叶不裂③；花冠白色④，二唇形。产全省各山区；生山地林缘。**野芝麻【***Lamium barbatum***，唇形科 野芝麻属】**叶卵形⑤，边缘有锐锯齿；花冠白色⑤，上唇直伸，下唇3裂。产鲁中南山区，较少见；生山地灌草丛中。

荆芥聚伞花序顶生，圆锥状，花冠有紫色斑点，下唇的中裂片有圆齿，其余二者为轮花序腋生；錾菜的叶掌裂；野芝麻的叶卵形，不裂。

草本植物 花白色 两侧对称 唇形

夏至草 灯笼棵 白花夏枯草　唇形科 夏至草属

Lagopsis supina

Supine Lagopsis | xiàzhìcǎo

　　多年生草本，常成片生长②，花期有浓厚的草香味；茎密被微柔毛，常在基部多分枝；基生叶具长柄，轮廓为圆形，直径1.5～2厘米，3深裂（②右上），上面疏生微柔毛，下面沿脉上有长柔毛，秋季叶远较春季宽大，3裂，不达中部（②右下）；轮伞花序疏花①，苞片刺状；花萼筒状，5脉，裂齿5；花冠白色①，二唇形，上唇全缘，下唇3裂；雄蕊4，二强，均内藏①；小坚果长卵形。

　　产于全省各平原地区，为常见杂草。生于田边、路旁、草丛中。

　　相似种：地笋【_Lycopus lucidus_，唇形科 地笋属**】**叶矩圆状披针形③，边缘有锐锯齿；轮伞花序球形，多花密集；花冠白色④，不明显二唇形。产全省各平原地区，山区也有；生水边、湿润处。

　　夏至草的叶掌状3裂，花冠明显二唇形，雄蕊内藏于花冠筒中；地笋的叶不裂，边缘有锐锯齿，花冠近辐射对称，仅下唇中裂片稍大。

鸡腿堇菜　堇菜科 堇菜属

Viola acuminata

Acuminate Violet | jītuǐjǐncài

　　多年生草本，具地上茎①；叶心形，边缘有钝锯齿，长3～6厘米，两面有疏短柔毛；托叶草质，卵形，边缘牙齿状羽裂（①右下）；花具长梗；花瓣5，白色，有时微带淡紫色，最下部的花瓣有距，长约1毫米，囊状；果椭圆形，长约1厘米。

　　产于全省各山区。生于山地林缘、林下。

　　相似种：西山堇菜【_Viola hancockii_，堇菜科 堇菜属**】**叶近心形，长稍大于宽②；花白色③；本种在山东被误定为维西堇菜V. monbeigii。产鲁中南山区；生山地林缘。北京堇菜【_Viola pekinensis_，堇菜科 堇菜属】叶心形，长宽近相等④；花白色或淡紫色（另见258页）；本种过去被误定为蒙古堇菜V. mongolica。产鲁中南及胶东山区；生林缘、林下。

　　鸡腿堇菜有地上茎，托叶牙齿状羽裂，其余二者无地上茎；西山堇菜的叶长大于宽，花白色；北京堇菜的叶长宽近相等，花白色或淡紫色。

1 2 3 4 5 6 7 8 9 10 11 12

1 2 3 4 5 6 7 8 9 10 11 12

1 2 3 4 5 6 7 8 9 10 11 12

1 2 3 4 5 6 7 8 9 10 11 12

宽蕊地榆　　蔷薇科 地榆属

Sanguisorba applanata

Flat Burnet　|　kuānruǐdìyú

多年生草本；羽状复叶①，基生叶及茎下部叶有小叶3～5对，小叶长椭圆形，边缘有粗大的圆钝锯齿，两面无毛，茎上部叶小叶渐窄；穗状顶生，长圆柱形②，自顶端向下依次开花；萼片4，白色，无花瓣；花丝扁平，向上逐渐扩大，与花药等宽，比萼片长2倍以上②；子房1，花柱丝状，柱头盘状，表面有乳头状突起。

产于胶东山区。生于山地林缘、水边。

宽蕊地榆为羽状复叶，小叶长椭圆形，边缘有整齐的圆锯齿；穗状花序圆柱状；花丝扁平，明显长于萼片；本属的另两种花红色，详见284页地榆、细叶地榆。

丝穗金粟兰　　水晶花 四块瓦　　金粟兰科 金粟兰属

Chloranthus fortunei

Fortune's Chloranthus　|　sīsuì jīnsùlán

多年生草本；叶对生，通常4片，生于茎上部，呈轮生状①；叶片近纸质，宽椭圆形至倒卵状椭圆形①，长3～12厘米，宽2～7厘米，边缘有圆齿，齿尖有腺体；穗状花序单个，顶生①；花两性，无花被；雄蕊3，丝状，白色，基部合生成一体，均有花药②，花后雄蕊脱落。

产于胶东山区。生于林下、湿润处。

相似种：银线草【*Chloranthus japonicus***，金粟兰科 金粟兰属】**叶宽椭圆形，边缘有锐锯齿；穗状花序单个顶生③；雄蕊3，基部合生为一体，中间的1枚雄蕊无花药④。产地同上，较少见；生境同上。

丝穗金粟兰叶缘锯齿较钝，3枚雄蕊均有花药；银线草叶缘有锐锯齿，中间1枚雄蕊无花药。

喜旱莲子草　　苋科 莲子草属
Alternanthera philoxeroides
Alligatorweed ｜ xīhànliánzǐcǎo

多年生草本：茎基部匍匐，上部上升，管状；叶对生①，矩圆形、矩圆状倒卵形或倒卵状披针形①，长2.5～5厘米，宽0.7～20厘米，顶端急尖或圆钝，具短尖，基部渐狭，全缘，两面无毛或上面有贴生毛；叶柄长3～10毫米；头状花序生于叶腋，球形①，有长柄，花密生；花被片矩圆形，膜质，白色（①左上），光亮，雄蕊5。

原产美洲，全省各平原地区有逸生。生于水边、湿润处。

喜旱莲子草的叶对生，全缘，头状花序有长柄，花被片膜质，白色，在水边常见。

鳢肠　　旱莲草 菊科 鳢肠属
Eclipta prostrata
False Daisy ｜ lǐcháng

一年生草本，茎直立或平卧，被伏毛，着土后节上易生根；叶披针形、椭圆状披针形或条状披针形①，长3～10厘米，全缘或有细锯齿；头状花序有梗，腋生或顶生；总苞片5～6枚，草质，被毛；舌状花条形，白色②，舌片小，全缘或2裂；管状花两性，裂片4；管状花的瘦果3棱状，舌状花的瘦果扁四棱形，表面具瘤状突起，无冠毛①。

产于全省各平原地区。生于水边、湿润处。

相似种：牛膝菊【*Galinsoga parviflora*，菊科牛膝菊属】一年生草本，茎有分枝；叶披针形③，对生，边缘有粗锯齿；头状花序小；舌状花4～5个，白色，顶端3裂④。原产美洲，全省某些山区及平原地区有逸生；生林缘、路旁。

鳢肠的叶全缘，舌状花多数，条形；牛膝菊的叶较宽，有锯齿，舌状花4～5个，矩圆形，顶端3齿裂。

东风菜 菊科 东风菜属

Doellingeria scabra

Scabrous Whitetop | dōngfēngcài

　　多年生草本；叶互生，心形，长9～15厘米，宽6～15厘米，边缘有具小尖头的齿；中部以上的叶常有楔形具宽翅的叶柄（①右下）；头状花序排成圆锥伞房状①；舌状花7～10个，舌片白色①；管状花黄色；瘦果椭圆形，冠毛污白色。

　　产于蒙山及胶东山区。生于山地林缘、林下、灌草丛中。

　　相似种：一年蓬【Erigeron annuus，菊科 飞蓬属】全株被短硬毛；中部叶披针形；舌状花2层②，条形，白色；管状花黄色②。原产美洲，在山东归化为常见杂草；生田边、路旁、草丛中。**三脉紫菀【Aster ageratoides，菊科 紫菀属】**叶离基三出脉③；舌状花白色③或淡紫色（另见276页）。产全省各山区；生山地林缘、林下、沟谷、灌草丛中。

　　一年蓬舌状花2层；东风菜心心形，叶柄有翅；三脉紫菀叶披针形，离基三出脉。

苍术 菊科 苍术属

Atractylodes lancea

Sword-like Atractylodes | cāngzhú

　　多年生草本，根状茎块状；叶卵状披针形至椭圆形①，长3～5.5厘米，宽1～1.5厘米，顶端渐尖，基部渐狭，边缘有刺状锯齿④，上面深绿色，有光泽，下面淡绿色，根隆起，无柄；下部叶羽裂④，裂片顶端尖，顶端裂片大，两侧裂片较小，基部楔形，无柄或有柄；头状花序生枝端，下部有1列叶状苞片，羽状深裂，裂片刺状③；总苞圆柱形，总苞片5～7层，卵形至披针形；花全为管状，白色②，有时稍带红色，长约1厘米，上部略膨大，顶端5裂，裂片条形；瘦果有柔毛；冠毛长约8毫米，羽状。

　　产于全省各山区。生于向阳山坡的林缘、灌丛下、石缝中。

　　苍术的叶边缘有刺状锯齿，下部叶有裂片，中上部叶常不裂，头状花序下部的叶状苞片有刺状的裂片，植株触摸有扎手的感觉。

香青　通肠香　菊科 香青属
Anaphalis sinica

Chinese Pearly Everlasting ｜ xiāngqīng

多年生草本，茎被白色绵毛；叶倒披针形或条形，长2.5～9厘米，宽0.2～1.5厘米，全缘，沿茎下延成翅，两面被黄白色蛛丝状绵毛；头状花序多数，排成复伞房状①；总苞钟状或近倒圆锥状，长4～5毫米，总苞片乳白色，膜质①；花全为管状，白色①；瘦果有小腺点，冠毛较花冠稍长。

产于全省各山区。生于山地灌草丛中。

相似种：女菀【*Turczaninovia fastigiata*，菊科 女菀属】叶条状披针形②，全缘，下面被短毛；头状花序密集成复伞房状②；总苞片草质；舌状花白色②，管状花黄色。产鲁中南及胶东山区，比上种少见；生林缘、林下、沟谷。

二者叶均细长，头状花序均排成复伞房状；香青全株被白色绵毛，总苞片膜质，花全为管状；女菀植株被毛少，总苞片草质，有舌状花和管状花。

大丁草　菊科 大丁草属
Gerbera anandria

Japanese Gerbera ｜ dàdīngcǎo

多年生草本，有春秋二型：春型株①高10～15厘米，叶基生，莲座状，宽卵形，长2～10厘米，宽1.5～3厘米，提琴状羽裂，边缘有圆齿，头状花序单生，有舌状花和管状花，白色，常不结实；秋型株②高达35厘米，叶较大，头状花序仅有管状花，不开放而直接结实；瘦果扁，冠毛污白色②。

产于全省各山区。生于山地林缘、林下。

相似种：中华小苦荬【*Ixeridium chinense*，菊科 小苦荬属】基生叶羽裂③；花舌状，白色③或黄色(另见158页)。产全省各地；生山地路旁、田边。**白花蒲公英【*Taraxacum leucanthum*，菊科 蒲公英属】**叶基生，羽裂④，裂片三角状；总苞片顶端略有小角④；花白色。产昆嵛山；生林缘、路旁。

大丁草有春秋二型，头状花序有管状花，其余二者全为舌状花；白花蒲公英总苞片顶端有小角；中华小苦荬总苞片顶端无小角。

大叶铁线莲 草牡丹 毛茛科 铁线莲属

Clematis heracleifolia

Hyacinth-flower Clematis | dàyètiěxiànlián

亚灌木；叶对生，三出复叶①，长达30厘米，中央小叶具长柄，宽卵形，长宽6～13厘米，近无毛，先端急尖，不分裂或3浅裂，边缘有粗锯齿①，侧生小叶近无柄，较小；叶柄长4.5～10厘米；花序腋生或顶生，花排列成2～3轮；花梗长1.5～3.5厘米，被柔毛；花萼管状②，萼片4，蓝色，偶有白色，上部向外弯曲②，边缘稍增大，外面生白色短柔毛；无花瓣；瘦果倒卵形，宿存花柱羽毛状。

产于全省各山区。生于山地林缘。

相似种：卷萼铁线莲【*Clematis tubulosa*，毛茛科 铁线莲属】花梗长0.3～2厘米；萼片4，蓝色，上部向外弯曲，边缘增大呈薄片状③；瘦果有宿存花柱④。产地同上；生境同上。

大叶铁线莲的花梗较长，萼片上部边缘稍增大；卷萼铁线莲的花梗较短，萼片上部边缘明显增大，呈薄片状。

诸葛菜 二月兰 十字花科 诸葛菜属

Orychophragmus violaceus

Violet Orychophragmus | zhūgěcài

一或二年生草本，全株无毛，有粉霜；秋季植株叶全部基生，肾形③；春季植株叶互生，基生叶和下部叶具叶柄，叶形变化极大，一般为大头羽状分裂（③左上），长3～8厘米，宽1.5～3厘米，顶生裂片肾形或三角状卵形，基部心形，具钝齿，侧生裂片2～4对；中上部叶渐小，抱茎；总状花序顶生①；花紫色②，花瓣4，雄蕊6，4长2短；长角果条形，具4棱，有喙；种子卵状矩圆形。

产于全省各平原地区及山区。生于林缘、路旁、草丛中。

相似种：花旗杆【*Dontostemon dentatus*，十字花科 花旗杆属】叶披针形④，边缘有疏锯齿；萼片4，直立；花瓣4，淡紫色⑤，倒卵形；长角果狭条形。产鲁中南及胶东山区；生林缘。

诸葛菜的叶羽状分裂，叶形变化极大，花较大，径约2厘米；花旗杆的叶不裂，边缘有锯齿，花较小，径不及1厘米。

阿拉伯婆婆纳　波斯婆婆纳　玄参科　婆婆纳属

Veronica persica

Birdeye Speedwell ｜ ā lā bó pó pó nà

一年生矮小草本，茎铺散，多分枝，密生多细胞柔毛；叶对生，具短柄，卵形或圆形，长6～20毫米，宽5～18毫米，边缘具钝齿①，两面疏生柔毛；总状花序顶生，苞片与叶同形，互生，花梗长约为苞片的2倍①；花萼果期增大；花冠蓝色①②，近辐射对称，裂片卵形；雄蕊2，短于花冠；蒴果扁形，中间有凹口，角度超过90°。

原产亚洲西部和欧洲，全省各平原地区有逸生。生于路旁、草丛、花坛中。

相似种：婆婆纳【*Veronica polita*，玄参科　婆婆纳属】叶卵圆形③，长5～10毫米；花梗比苞片短③；花冠淡紫色③④；雄蕊2；蒴果近于肾形，凹口成直角。全省各平原地区偶见；生境同上。

阿拉伯婆婆纳花梗长于苞片，花径约8毫米，蓝色，果实凹口大于90°；婆婆纳花梗短于苞片，花径约4毫米，淡紫色，果实凹口约90°。

北水苦荬　玄参科　婆婆纳属

Veronica anagallis-aquatica

Water Speedwell ｜ běi shuǐ kǔ mǎi

多年生草本，根状茎斜走；叶对生，无柄，上部半抱茎，卵状矩圆形至条状披针形①，长2～10厘米，全缘或有疏而小的锯齿；总状花序多花，腋生①，比叶长，无毛②；花梗上升，与花序轴成锐角②，与苞片近等长；花萼4深裂，裂片卵状披针形；花冠淡紫色①或淡蓝色，有时近白色②，近辐射对称，筒部极短，裂片宽卵形；蒴果卵圆形，顶端微凹，长宽近相等。

产于全省各平原地区。生于水边、湿润处，或在水中挺水。

相似种：水苦荬【*Veronica undulata*，玄参科　婆婆纳属】茎、花序轴、花梗、花萼和蒴果上有腺毛④；叶卵状矩圆形③，边缘有尖锯齿；花梗叉开，与花序轴成直角④；花淡紫色或近白色④。产地同上；生境同上。

北水苦荬植株近无毛，花梗与花序轴成锐角；水苦荬植株被腺毛，花梗与花序轴成直角。

中华秋海棠　　秋海棠科 秋海棠属

Begonia grandis* subsp. *sinensis

Chinese Begonia　│　zhōnghuáqiūhǎitáng

多年生草本，有球形块茎；叶片宽卵形②，长5～12厘米，宽3.5～9厘米，渐尖头，基部心脏形，偏斜②，边缘有细尖牙齿，下面和叶柄都带紫红色；叶柄长5～10厘米；聚伞花序腋生；花淡红色，雌雄同株；雄花被片4④，雌花被片5；蒴果长1.2～2厘米，有3翅③，其中一翅通常较大；在阴湿处常成大片分布①。

产于鲁中南及胶东山区。生于水边、湿润处、石壁上。

中华秋海棠的叶互生，宽卵形，叶基明显偏斜；花粉红色，果实有3翅。

烟台补血草　　蓝雪科 补血草属

Limonium franchetii

Franchet's Sea Lavender　│　yāntáibǔxuècǎo

多年生草本；叶基生，匙形至长圆状匙形（②右下），长3～6厘米，宽1～3厘米；从基部发出数个圆锥状花序②，花序轴有数条细棱，自中部作数回分枝；苞片边缘膜质（①上）；花萼漏斗状，初开时紫红色，后逐渐变淡，宿存，直至冬天仍不凋落；花冠淡紫色（①下），5裂；雄蕊5，花柱5。

产于胶东沿海地区。生于滨海地带的沙地和石质山坡。

相似种：二色补血草【*Limonium bicolor*，蓝雪科 补血草属】叶长圆状匙形；花序有不育小枝；花萼初开时紫色至粉红色（③左下），后变白色（③左上），土壤盐碱度越高，花萼持续紫色的时间越长；花冠黄色③。产鲁西北平原及胶东沿海地区；生沿海及内陆的盐碱地上。

烟台补血草的花萼和花冠同色，均为紫色（花萼后变白）；二色补血草则为异色，花萼紫色（后变白），花冠黄色。

瘤毛獐牙菜

龙胆科 獐牙菜属

Swertia pseudochinensis

False Chinense Felwort | liúmáozhāngyácài

一年生草本，茎直立，四棱形，自下部多分枝；叶对生，披针形（①左上），条状披针形，长2～4厘米；圆锥状复聚伞花序多花①，开展；花萼5深裂，裂片狭披针形，与花冠裂片近等长；花冠5深裂至基部，裂片披针形，蓝紫色，上有深色脉纹，基部具2个腺窝，边缘有流苏状毛②，毛表面有瘤状突起（高倍放大镜可见）；子房无柄，狭椭圆形，花柱短，不明显，柱头2裂。

产于全省各山区。生于山地林缘、林下。

相似种：北方獐牙菜【*Swertia diluta*，龙胆科獐牙菜属】花淡蓝色③，花冠裂片基部的流苏状毛表面光滑。产地同上；生境同上。

瘤毛獐牙菜的花径1.5～2.5厘米，花色深，植株有苦味；北方獐牙菜的花径1～1.5厘米，花色淡，植株无苦味。

笔龙胆

龙胆科 龙胆属

Gentiana zollingeri

Zollinger's Gentian | bǐlóngdǎn

一年生矮小草本，茎直立，不分枝；叶对生，卵状卵形至近圆形（②左），先端急尖，具软骨质边，基部变狭成短柄；聚伞花序，顶生或腋生；花蓝紫色（②左），花梗短；苞片2，披针形；花萼漏斗状，长为花冠的1/2，5裂，裂片顶端不反卷（②右）；花冠漏斗状钟形，顶端5裂，裂片间有褶片①；雄蕊5；柱头2裂；蒴果倒卵状矩圆形。

产于鲁中南及胶东山区。生于山坡。

相似种：鳞叶龙胆【*Gentiana squarrosa*，龙胆科 龙胆属】一年生小草本；茎从基部分枝③；叶对生，卵形；花蓝紫色③④；花萼裂片向外反卷④。严泰山；生境同上。

笔龙胆茎不分枝，花稍大，径约8毫米，花萼裂片不反卷；鳞叶龙胆茎常自基部分枝，花小，径约4毫米，花萼裂片向外反卷。

草本植物 花紫色或近紫色 辐射对称 花瓣五

草本植物 花紫色或近紫色 辐射对称 花瓣五

斑种草　紫草科 班种草属
Bothriospermum chinense

Chinese Bothriospermum ｜ bānzhǒngcǎo

一或二年生草本；茎被开展的糙硬毛；基生叶和下部叶有柄，匙形或倒披针形，长3.5～12厘米，边缘皱波状①，两面有短糙毛；卷伞花序；苞片卵形；花梗长2～8毫米；花萼裂片5，狭披针形；花冠蓝色①，喉部有5个半月形附属物(①左下)；雄蕊5，内藏；小坚果4，肾形。

产于全省各平原地区。生于路旁、草丛中。

相似种：多苞斑种草【*Bothriospermum secundum*，紫草科 班种草属】茎被开展的糙毛③；叶匙形②；花蓝色③，较大。产全省各山区；生山地林缘、林下、沟谷。柔弱斑种草【*Bothriospermum zeylanicum*，紫草科 班种草属】茎细弱，被贴伏的糙毛④；叶狭椭圆形；花较小。全省各平原地区偶见；生田边、路旁。

斑种草的叶边缘皱波状，其余二者叶边缘平；柔弱斑种草茎细弱，被贴伏的糙毛，其余二者茎被开展的糙毛。

附地菜　地胡椒　紫草科 附地菜属
Trigonotis peduncularis

Pedunculate Trigonotis ｜ fùdìcài

一年生草本；茎1至数条，直立或渐升，常分枝，有短糙伏毛；基生叶有长柄(②右下)；叶片椭圆形或匙形①②，长达2厘米，宽达1.5厘米，两面有短糙伏毛；卷伞花序①，在果期长可达20厘米；花萼5深裂；花冠小，淡蓝色②，喉部黄色，有5个附属物②，雄蕊5，内藏；小坚果4，四面体形。

产于全省各平原地区，为常见杂草。生于田边、路旁、草丛中。

相似种：田紫草【*Lithospermum arvense*，紫草科 紫草属】叶条状披针形③；花冠淡红色④或白色(另见180页)。产地同上；生境同上。鹤虱【*Lappula myosotis*，紫草科 鹤虱属】叶条状披针形⑤；花淡蓝色或近白色；小坚果有锚状刺⑥。产泰山、济南、崂山等地；生田边、路旁、水边。

附地菜叶椭圆形，花径约2毫米，其余二者叶近条形，花稍大；鹤虱果实有刺，其余二者无刺；田紫草花冠无附属物，其余二者有附属物。

桔梗 铃铛花 包袱花 道拉基 桔梗科 桔梗属

Platycodon grandiflorus

Balloon Flower | jiégěng

多年生草本；根胡萝卜形，长达20厘米；茎
下部叶3枚轮生，上部叶互生①，无柄或有短柄，
无毛；叶片卵形至披针形①，长2～7厘米，宽
0.5～3.2厘米，边缘有尖锯齿；花1至数朵生于分
枝顶端；花萼无毛，裂片5，三角形；花冠蓝紫色
①，阔钟状，5浅裂，裂片开展①；蒴果倒卵圆形
②，顶部5瓣裂；胶东民间常食用其根。

产于鲁中南及胶东山区。生于山地、沟谷。

相似种：**轮叶沙参**【*Adenophora tetraphylla*，桔
梗科 沙参属】叶常4枚轮生③；花冠筒状③，淡蓝
色，花柱明显伸出花冠外。产胶东山区；生山地林
缘。**展枝沙参**【*Adenophora divaricata*，桔梗科 沙
参属】叶3～4枚轮生④；花冠钟状④。产地同上；
生境同上。

桔梗的花冠阔钟状，裂片开展；轮叶沙参的花
冠筒状，花柱明显伸出花冠外；展枝沙参的花冠钟
状，花柱不伸出花冠外。

石沙参 桔梗科 沙参属

Adenophora polyantha

Many-flower Lady Bells | shí shāshēn

多年生草本，根近胡萝卜形，长达30厘米；叶
互生，无柄，薄革质或纸质，叶形变异较大，基生
叶圆状肾形，茎生叶条形、条状披针形至狭卵形
①，长1.5～7厘米，宽0.3～1.5厘米，边缘牙齿状
的尖齿①，两面有疏或密的短毛；花序总状，或下
部有分枝而呈圆锥状，花常偏于一侧①②；花萼裂
片5，狭三角状披针形；花冠蓝色，钟状②，外面
无毛，5浅裂；雄蕊5；子房下位，花柱与花冠近等
长或稍伸出。

产于全省各山区。生于山地林缘、林下、灌草
丛中。

相似种：**荠苨**【*Adenophora trachelioides*，桔梗科
沙参属】叶有柄；叶片心状卵形或三角状卵形③，
基部心形，边缘有锯齿；花冠蓝色③或白色（另见
182页），钟状。产地同上；生境同上。

石沙参的茎生叶无柄，条状披针形；荠苨的茎
生叶明显有柄，卵形，基部心形。

石竹　洛阳花　石竹科 石竹属

Dianthus chinensis

Rainbow Pink ｜ shízhú

多年生草本；茎簇生，无毛；叶对生，条形或宽披针形②，长3～5厘米，宽3～5毫米，全缘；花顶生于枝端②，单生或对生，有时成聚伞花序；花下有4～6枚苞片；萼筒圆筒形，萼齿5；花瓣5，红色、紫色或粉红色①，瓣片扇状倒卵形，边缘有不整齐浅齿①，喉部疏生须毛，基部具长爪；雄蕊10；花柱2，丝形；蒴果矩圆形。

产于全省各山区。生于山地林缘、林下、灌草丛中。

相似种：瞿麦【*Dianthus superbus***，石竹科 石竹属】**花瓣顶端深裂成细条状③④。产地同上；生境同上。**鹤草【***Silene fortunei***，石竹科 蝇子草属】**萼筒细管状，有10条纵脉⑥；花瓣粉红色，顶端2深裂⑤⑥。产鲁中南及胶东山区；生林缘、水边。

石竹花瓣边缘有不整齐浅齿；瞿麦花瓣边缘裂成细条状；鹤草总苞梗有黏液，萼筒有纵脉，花瓣顶端2深裂，其余二者萼筒无纵脉。

1 2 3 4 5 6 7 8 9 10 11 12

1 2 3 4 5 6 7 8 9 10 11 12

1 2 3 4 5 6 7 8 9 10 11 12

麦瓶草　米瓦罐　石竹科 蝇子草属

Silene conoidea

Weed Silene ｜ màipíngcǎo

一年生草本，全株有腺毛；茎直立，单生，叉状分枝；叶对生，无柄；叶片矩圆形或披针形①，长5～8厘米，宽5～10毫米，有腺毛；聚伞花序顶生，有少数花；萼筒在开花时呈筒状，在果时下部膨大而呈卵形①，有30条显著的脉，裂片钻形披针形；花瓣5，倒卵形，粉红色②，喉部有2鳞片；雄蕊10；花柱3；蒴果卵形，有光泽；种子多数，螺卷状，有瘤状突起。

产于全省各平原地区。生于田边、路旁，尤以麦田为多。

相似种：麦蓝菜【*Vaccaria hispanica***，石竹科 麦蓝菜属】**叶卵状披针形③，无柄，粉绿色；聚伞花序有多枝③；萼筒具5棱④，花后基部稍膨大；花瓣淡红色④。产地同上；生境同上。

麦瓶草的花萼下部膨大，有30条显著的脉；麦蓝菜的花萼有5棱。

1 2 3 4 5 6 7 8 9 10 11 12

蜀葵 光光花 一丈红 锦葵科 蜀葵属

Alcea rosea

Hollyhock | shǔkuí

　　二年生高大草本；茎直立，不分枝；早春先发出基生叶，数枚丛生；茎生叶互生，近于圆心形或5~7浅裂①，直径约6~15厘米，边缘有齿；叶柄长6~15厘米；托叶卵形，顶端具3尖；花大，单生于叶腋①，有红、紫、白、黄及黑紫等各种颜色，单瓣或重瓣②；小苞片6~7，基部合生；萼钟形，5齿裂；花瓣倒卵状三角形，爪有长髯毛；雄蕊多数，花丝连合成筒；子房多室，每室有胚珠1个；果盘状，熟时每心皮自中轴分离。

　　产于全省各平原地区，野生或栽培。生于路旁、田边、草丛中。

　　相似种：野葵【*Malva verticillata*，锦葵科 锦葵属】叶肾形至圆形，掌状5~7浅裂③；花小，淡紫色③，数朵生于叶腋；花瓣5，顶端凹；果扁圆形。产鲁中南及胶东山区，较少见；生林缘。

　　蜀葵植株高大，花较大，有各种颜色；野葵的花小，径不及1厘米，淡紫色。

瓦松 景天科 瓦松属

Orostachys fimbriata

Fimbriate Dunce Cap | wǎsōng

　　二年生草本；第一年生莲座状叶②，叶宽条形，渐尖；第二年基生叶枯萎，茎生叶条形至倒披针形③，长可达5厘米，宽可达5毫米，叶顶端有一个半圆形软骨质的附属物，中央有一长刺；花序穗状，长10~35厘米，呈塔形③；花梗长可达1厘米，萼片5，狭卵形；花瓣5，紫红色①，披针形至矩圆形；雄蕊10，与花瓣等长或稍短，花药紫色；心皮5；蓇葖果矩圆形，长约5毫米。

　　主产于全省各山区，平原地区也有。生于山地、石缝中、屋瓦上。

　　相似种：长药八宝【*Hylotelephium spectabile*，景天科 八宝属】多年生草本；叶对生或3叶轮生④，卵形至宽卵形，全缘或有波状牙齿；花序大型、伞房状，花密生④；花瓣5，紫红色；雄蕊10，长于花瓣。产鲁中南及胶东山区；生山地、石缝中。

　　瓦松的叶条形，花序呈塔形；长药八宝的叶卵形，较宽，花序大型、呈伞房状。

草本植物 花紫色或近紫色 辐射对称 花瓣五

牻牛儿苗

牻牛儿苗科 牻牛儿苗属

Erodium stephanianum

Stephan's Stork's Bill ｜ mángniúrmiáo

一或二年生草本；茎多分枝，有柔毛；叶对生，长卵形或矩圆状三角形，长约6厘米，2回羽状深裂①，羽片5～9对，小裂片条形；伞形花序腋生，通常有2～5花；花梗长2～3厘米；萼片矩圆形，先端有长芒；花瓣紫色②，长不超过萼片；雄蕊10，外轮5枚无花药②；蒴果长约4厘米，顶端有长喙③，成熟时5个果片与中轴分离，喙部呈螺旋状卷曲；有时在秋季二次开花。

产于全省各山区及平原地区。生于山地、田边、路旁、草丛中。

相似种：鼠掌老鹳草【*Geranium sibiricum*，牻牛儿苗科 老鹳草属】叶近五角形，掌状5深裂④；花1～2个腋生，淡紫色⑤；雄蕊10，全部具花药。主产全省各山区，平原地区也有；生山地林缘。

牻牛儿苗的叶羽状分裂，花序有2～5花，外轮5枚雄蕊无花药；鼠掌老鹳草的叶掌状分裂，花序常具1花，雄蕊全部具花药。

老鹳草

鸭脚草　牻牛儿苗科 老鹳草属

Geranium wilfordii

Wilford's Geranium ｜ lǎoguàncǎo

多年生草本；茎细长，下部稍蔓生，有倒生微柔毛；叶对生，肾状三角形①，基部心形，宽4～6厘米，长3～5厘米，3深裂①，中央裂片稍大，上部有缺刻或粗锯齿；花序腋生，通常2花①；花梗长几等于花序梗，在果期向下弯；萼片先端有芒尖，背面被疏状毛；花瓣淡红色②，长几等于萼片；蒴果有喙，长约2厘米。

产于全省各山区。生于山地林缘。

相似种：朝鲜老鹳草【*Geranium koreanum*，牻牛儿苗科 老鹳草属】叶肾状五角形，3～5深裂至中部③；花序顶生，2花，花梗在果期下弯；花瓣紫色③。产胶东山区和蒙山；生山地林缘。

老鹳草的叶近三角形，3裂，花较小，径1厘米多；朝鲜老鹳草的叶近五角形，3～5裂，花较大，径2～3厘米。

缬草 败酱科 缬草属

Valeriana officinalis

Garden Valerian | xiécǎo

多年生草本，根状茎粗短，有浓香；茎中空，有纵棱，被粗白毛，老时毛渐少；叶对生，羽状深裂①，裂片2～9对，中央裂片与两侧裂片近同形，常与其后的侧裂片合生成3裂状，裂片披针形或条形，顶端渐窄，基部下延，全缘或有稀疏锯齿，两面及柄轴多少被毛；顶生聚伞圆锥花序②③，苞片羽裂，长1～2厘米，小苞片条形，长约1厘米；花冠淡紫红色③或淡粉色①②，筒状，上部5裂；雄蕊3；子房下位；瘦果卵形，长约4毫米，基部近平截，顶端宿萼多条，羽毛状。

产于鲁中南及胶东山区。生于沟谷林缘、林下、湿润处。

缬草的叶对生，羽状深裂，大型聚伞圆锥花序，花紫色，果实顶端有宿萼形成的毛，以风力传播种子。

野亚麻 亚麻科 亚麻属

Linum stelleroides

Wild Flax | yěyàmá

一或二年生草本；茎直立，基部略木质，上部多分枝，无毛；叶互生，条形至条状披针形①，长1～3厘米，宽1.5～2.5毫米，两面无毛，全缘；花生于枝条顶端，形成聚伞花序；萼片5，卵状披针形，边缘有黑色腺体(①右下)，果期尤为明显；花瓣5，长约为萼片的3～4倍，紫色或蓝紫色①；花丝基部合生；蒴果球形①，径3.5～4毫米。

产于鲁中南及胶东山区。生于山地林缘、灌草丛中。

相似种：罗布麻【_Apocynum venetum_，夹竹桃科罗布麻属**】**多年生草本或亚灌木，植株具乳汁；叶对生，椭圆状披针形④；花冠紫红色，钟状②；蓇葖果又生③。产鲁西北平原及胶东沿海地区，尤以黄河沿岸为多；生路旁、水边、盐碱地。

野亚麻植株无乳汁，花冠开展，果实为蒴果，球形；罗布麻植株有乳汁，花冠钟状，果实为蓇葖果，狭长。

紫花耧斗菜　紫花菜　毛茛科 耧斗菜属

Aquilegia viridiflora var. atropurpurea
Purple-flower Columbine │ zǐhuālóudǒucài

多年生草本，根圆柱形；茎上常多分枝，被短柔毛和腺毛；基生叶为2回三出复叶①②；小叶楔状倒卵形，长1.5～3厘米，3裂，裂片常具2～3圆齿，下面疏生短柔毛或几无毛；叶柄长达18厘米；茎生叶较小；花序具3～7花；花梗长2～7厘米；萼片5，紫色③，卵形，长1.2～1.5厘米，外面被柔毛；花瓣5，紫色③，瓣片顶端近截形，基部有长距③，直或稍弯；雄蕊伸出花冠外③，多数，长达2厘米；子房密生腺毛，花柱与子房近等长；蓇葖果上部向外弯曲②，有宿存花柱。

产于全省各山区，常见。生于山地林缘、灌草丛中。

相似种：耧斗菜【*Aquilegia viridiflora***，毛茛科耧斗菜属】**花萼与花冠绿色或黄绿色④，有时带淡紫色。全省各山区偶见；生境同上。

紫花耧斗菜的花为紫色，耧斗菜的花为绿色或黄绿色。

白头翁　老姑子花　老公花　毛茛科 白头翁属

Pulsatilla chinensis
Chinese Pasqueflower │ báitóuwēng

多年生草本；叶4～5，近基生；叶片宽卵形，长4.5～14厘米，宽8.5～16厘米，花期较小，果期增大，下面有柔毛，3全裂①，中央裂片通常具柄，3深裂，侧生裂片较小，不等3裂；叶柄长5～7厘米，密生长柔毛；花葶1～2个，高15～35厘米；总苞片基部管状，长3～10毫米，裂片条形；花梗长2.5～5.5厘米，密被长绒毛；萼片6，排成2轮，紫色①②，狭卵形，长2.8～4.4厘米，背面有绵毛；无花瓣；雄蕊多数；心皮多数；聚合果直径9～12厘米；瘦果长3.5～4毫米，宿存花柱羽毛状③，长3.5～6.5厘米。

产于全省各山区，常见，尤以低山区为多。生于山地灌草丛中。

白头翁的叶3全裂，花期较小，果期增大，花深紫色，果实的宿存花柱很长，有长柔毛。

千屈菜　水柳 对叶莲　千屈菜科 千屈菜属

Lythrum salicaria

Purple Loosestrife　｜ qiānqūcài

多年生草本：茎直立，多分枝，四棱形或六棱形，被白色柔毛或近无毛；叶对生，有时3枚轮生，狭披针形①，长3.5～6.5厘米，宽1～1.5厘米，无柄，有时基部略抱茎；花序顶生①，花两性，数朵簇生于叶状苞片腋内，具短梗；花萼筒状，萼筒外具12条细棱，被毛，顶端具6齿，萼齿之间有尾状附属体；花瓣6，紫色②，生于萼筒上部，长6～8毫米；雄蕊12，6长6短，排成2轮；子房上位，2室；蒴果包于萼内，2裂，裂片再2裂。

产于鲁中南及胶东山区。生于水边、湿润处，或在水中挺水。

千屈菜的叶狭披针形，对生或轮生，花序顶生，花紫色，在干净的水边、河边容易见到。

绵枣儿　山蒜　百合科 绵枣儿属

Barnardia japonica

Chinese Squill　｜ miánzǎor

多年生草本，鳞茎卵圆形，长2～3.5厘米；叶基生，条形③，长1～4厘米，宽0.3～1厘米；花莛直立，高可达50厘米；总状花序①②，花在开放前密集，而后渐疏离；花梗长2～7毫米，具1枚细条形的膜质苞片；花粉红色至紫红色②；花被片6①，矩圆形；雄蕊6，与花被片近等长；子房卵状球形；蒴果3棱状倒卵形，长2～3毫米；种子黑色；鳞茎可食，山东民间称为"山蒜"。

产于全省各山区。生于林缘、林下。

相似种：山麦冬【*Liriope spicata*，百合科 山麦冬属】植株有纺锤形的肉质小块根；叶基生成丛，禾叶状④，质硬，中脉比较明显；总状花序；花被片6，淡紫色⑤。产地同上；生山地林缘、林下。

绵枣儿有鳞茎，叶质软，边缘常向上内卷；山麦冬无鳞茎，有块根，叶质硬，禾叶状。

细叶韭 细丝韭　百合科 葱属

Allium tenuissimum

Thin-leaf Onion　｜　xìyèjiǔ

多年生草本。鳞茎狭圆锥状柱形，簇生，外皮紫褐色至黑褐色，膜质，破裂；叶基生，半圆柱形③，宽0.3～1毫米；花葶纤细，具细纵棱，高15～35厘米，粗约1毫米；总苞单侧开裂，宿存；伞形花序半球形①②，松散；花梗近等长；花淡红色①，有时近白色②；花被片6，排成2轮；花丝长为花被片的2/3，基部合生并与花被贴生，内轮的基部扩大；花柱与子房近等长，不伸出花被。

产于全省各山区。生于山坡灌草丛中。

相似种：薤白【_Allium macrostemon_，百合科 葱属**】**鳞茎近球形；叶条形或半圆柱形；伞形花序半球形④⑤；花序间有珠芽⑤，或全为珠芽，或全为花；花粉红色，有时近白色。产全省各山区，平原地区也有；生山地路旁、灌草丛中。

细叶韭的叶极细，花序全为花；薤白的叶较宽，花序间有珠芽，或全为珠芽，或全为花。

球序韭 百合科 葱属

Allium thunbergii

Japanese Onion　｜　qiúxùjiǔ

多年生草本。鳞茎卵状至狭卵状，常单生，粗0.7～2.5厘米，外皮污黑色至黑褐色，纸质；叶三棱状条形①，基部中空，背面具1纵棱，呈龙骨状隆起；花葶圆柱状，中空，高25～65厘米；总苞单侧开裂或2裂，宿存；伞形花序球状，花多而密集②；花紫红色②；花被片6，排成2轮；花丝长为花被片的1.5倍②，无齿，基部合生并与花被贴生；子房倒卵状球形；花柱伸出花被外。

产于胶东山区。生于山地林缘、石缝中。

相似种：泰山韭【_Allium taishanense_，百合科 葱属**】**鳞茎近圆柱状；叶宽条形③，中部宽7～10毫米；伞形花序半球形③，花疏散；花粉红色③，有时近白色。产鲁中南及胶东山区；生境同上。

球序韭的叶条形，稍窄，花密集，花色深，花丝明显长于花被片；泰山韭的叶宽条形，花疏散，花色浅，花丝稍长于花被片。

紫苞鸢尾 矮紫苞鸢尾 鸢尾科 鸢尾属
Iris ruthenica

Purplebract Iris | zǐbāoyuānwěi

多年生草本；根状茎细长，棕褐色，密生须根；植株基部有纤维状枯死的叶鞘；叶条形①，扁平，灰绿色，长达30厘米，宽达4毫米；花莛细弱，高5～20厘米；苞片膜质或纸质，椭圆状披针形，长1.5～3厘米，边缘有时带紫红色，有花1～2朵；花蓝紫色②，花被裂片6，外轮3片倒披针形，中部白色，有蓝紫色条纹②，内轮3片较小，狭披针形，直立；花柱分枝3，花瓣状，顶端2裂；蒴果椭圆形或球形；种子球形。

产于全省各山区。生于林缘、林下。

相似种：马蔺【*Iris lactea*，鸢尾科 鸢尾属】 叶基生，多数，条形③，坚韧；花蓝紫色④，外轮花被裂片匙形，中部有淡色条纹。产全省各山区，数量较少；生山地灌草丛中。

紫苞鸢尾叶较窄，质软，花莛较矮；马蔺叶稍宽，质硬，花莛较高。

野鸢尾 白射干 鸢尾科 鸢尾属
Iris dichotoma

Vesper Iris | yěyuānwěi

多年生草本；根状茎较粗壮，常呈不规则结节状；须根多数，细长；叶剑形①，基部互相套叠，长20～30厘米，宽1.5～2.5厘米，蓝绿色，边缘绿白色，平行脉多数；花莛直立，高达75厘米，二歧分枝，花3～5朵簇生；苞片干膜质，宽卵形，长1～2.3厘米；花近白色②，花被裂片6，外轮3片近方形，平展，基部渐狭成爪，有蓝色条纹及紫色、黄色斑点②，内轮3片较小，倒椭圆状披针形，直立，有条纹及斑点；花柱分枝3，花瓣状，顶端2裂③；蒴果狭矩圆形④，长3.5～4.5厘米；种子椭圆形，暗褐色，两端具翅状物。

产于全省各山区。生于山地灌草丛中。

野鸢尾的叶剑形；花茎二歧状分枝，花近白色，有蓝色条纹及紫色、黄色斑点。

达乌里黄芪 兴安黄芪 豆科 黄芪属

Astragalus dahuricus

Dahurian Milkvetch | dáwūlǐhuángqí

多年生草本；茎有白色疏长毛；奇数羽状复叶互生①；小叶11～21，矩圆形或狭矩圆形，长10～25毫米，宽3～6毫米，先端钝，基部楔形，上面近无毛，下面有白色长柔毛，后逐渐脱落；小叶柄极短；托叶狭三角形；总状花序腋生，花多而密①；总花梗有长柔毛；花萼钟状，有长柔毛；花冠紫色②，子房有长柔毛，有柄；荚果圆筒形，略弯，长1.5～3厘米，先端有硬尖，被疏毛。

产于鲁中南山区。生于山地灌草丛中。

相似种：地角儿苗【*Oxytropis bicolor*，豆科 棘豆属】无地上茎；羽状复叶，小叶4片轮生③，披针形；花冠蓝色，旗瓣上有黄色斑点④，龙骨瓣先端具喙④。产鲁中南山区，数量较少；生境同上。

达乌里黄芪有地上茎，小叶对生，龙骨瓣无喙；地角儿苗无地上茎，小叶轮生，旗瓣有斑点，龙骨瓣有喙。

米口袋 甜地丁 米布袋 豆科 米口袋属

Gueldenstaedtia verna

Spring Gueldenstaedtia | mǐkǒudai

多年生草本；根圆锥状，无地上茎；奇数羽状复叶①，小叶11～21，椭圆形、卵形或长椭圆形①，长6～22毫米，宽3～8毫米，花后增大；叶、托叶、花萼、花梗均有长柔毛①，极少无毛；伞形花序有4～6朵花；花萼钟状，上二萼齿较大；花冠紫色②，旗瓣卵形，翼瓣长约10毫米，龙骨瓣短；子房圆筒状，花柱内卷；荚果圆筒状，形似口袋，无假隔膜，长17～22毫米；种子肾形。

产于全省各山区及平原地区。生于山地林缘、路旁。

相似种：狭叶米口袋【*Gueldenstaedtia stenophylla*，豆科 米口袋属】小叶7～19，条形或长椭圆形③；花冠淡粉色④，有时白色。主产全省各平原地区；生水边、田边、路旁。

米口袋的小叶为椭圆形，较宽，花紫色，长约13毫米；狭叶米口袋的小叶为条形，较窄，花粉红色，长约8毫米。

大花野豌豆 三齿萼野豌豆 豆科 野豌豆属
Vicia bungei

Bunge's Vetch │ dàhuāyěwāndòu

一年生草本，茎四棱，多分枝；羽状复叶①，互生，先端有卷须；小叶4～10，矩圆形，长6～25毫米，宽4～7毫米，先端截形或凹，具短尖，基部圆形，托叶有齿；总状花序腋生：花2～4朵①，疏生；花序轴及花梗有疏柔毛，萼斜钟状，萼齿5，宽三角形，上面2齿较短，疏生长柔毛；花冠紫色②；子房有疏短毛，具长柄，花柱顶端周围有柔毛；荚果矩圆形，略膨胀，长约3.5厘米，具柄。

产于全省各平原地区，常见。生于田边、路旁、草丛中。

相似种：山野豌豆【*Vicia amoena*，豆科 野豌豆属】小叶8～12，矩圆形；总状花序约有10～30朵花③，与叶近等长；花冠紫色④。产鲁中南及胶东山区，尤以胶东为多；生山地林缘、灌草丛中。

大花野豌豆花序少花，花较大，常生于平原；山野豌豆花序多花，花较小，常生于山区。

紫苜蓿 紫花苜蓿 苜蓿 豆科 苜蓿属
Medicago sativa

Lucerne │ zīmùxu

多年生草本，茎多分枝；3小叶复叶①②，互生；小叶倒卵形或倒披针形，长1～2厘米，宽约0.5厘米，先端圆，中肋稍突出，上部叶缘有锯齿，两面有白色长柔毛；小叶柄长约1毫米，有毛；托叶披针形，先端尖，有柔毛，长约5毫米；总状花序腋生②；花萼有柔毛，萼齿狭披针形，急尖；花冠紫色②；荚果螺旋形，有疏毛，先端有喙；种子肾形，黄褐色。

产于全省各山区及平原地区。生于田边、路旁、草丛中。

相似种：歪头菜【*Vicia unijuga*，豆科 野豌豆属】小叶2③④，卵形至菱形；总状花序腋生；花冠紫色③④；荚果狭矩形；种子扁圆形，棕褐色。产全省各山区；生山地林缘、林下。

紫苜蓿为3小叶复叶，小叶上部有锯齿；歪头菜为偶数羽状复叶，小叶2，全缘。

长萼鸡眼草 掐不齐 豆科 鸡眼草属

Kummerowia stipulacea

Korean Clover | cháng'è jī yǎncǎo

一年生草本：茎平卧，分枝多而开展，被向上的硬毛；三出复叶①②，小叶倒卵形或椭圆形，长7～20毫米，宽3～12毫米，先端圆或微凹，具短尖，基部楔形，全面无毛，下面中脉及叶缘有白色长硬毛，侧脉平行；花1～2朵簇生叶腋②；花梗有白色硬毛；萼钟状，萼齿5，卵形；花冠紫红色②，龙骨瓣较长；荚果卵形，长为萼的2倍①；种子黑色，平滑。

产于全省各山区及平原地区。生于路旁、水边、湿润处。

相似种：鸡眼草【**Kummerowia striata**，豆科 鸡眼草属】茎被向下的硬毛；小叶倒卵形或矩圆形③；花1～3朵腋生；花冠紫红色③；荚果矩圆形，较萼稍长。产地同上，比上种少见；生境同上。

长萼鸡眼草茎被向上的硬毛，荚果长为萼的2倍；鸡眼草被向下的硬毛，荚果较萼稍长。

远志 小草 小草根 远志科 远志属

Polygala tenuifolia

Thin-leaf Milkwort | yuǎnzhì

多年生草本：茎纤细，多分枝；叶互生，条形①，长1～4厘米，宽1～3毫米，全缘，无毛，无叶柄；总状花序多腋生，花梗细，稍下垂；花蓝紫色或淡蓝色，似蝶形花①；萼片5，外轮3片小，内轮2片花瓣状；花瓣3，中央1片顶端有流苏状附属物①；雄蕊8，花丝合生成鞘状，上部分离；子房近圆形，花柱弯曲，柱头2浅裂；蒴果近倒卵形②，扁平，边缘有狭翅；种子黑色，被毛。

产于全省各山区，常见。生于山地林缘、灌草丛中。

相似种：西伯利亚远志【**Polygala sibirica**，远志科 远志属】叶披针形至长椭圆形④；花序多腋外生；花蓝紫色③；蒴果近倒心形④，疏生短短毛。产地同上；生境同上。

远志叶条形，宽1～3毫米；西伯利亚远志叶多为披针形，宽3～6毫米。

筋骨草

唇形科 筋骨草属

Ajuga ciliata

Ciliate Bugle | jīngǔcǎo

多年生草本；叶对生，卵状椭圆形至狭椭圆形，长4～7.5厘米，宽3.2～4厘米，边缘有不整齐的牙齿①；轮伞花序多花，排成假穗状花序；苞片叶状，有时紫红色；花萼漏斗状钟形，10脉，裂齿5，外面有微毛，花冠紫色②，具蓝色条纹，上唇直立，下唇伸展②，中裂片倒心形；雄蕊伸出。

产于鲁中南山区。生于林缘、林下。

相似种：多花筋骨草【*Ajuga multiflora*，唇形科 筋骨草属】茎密被灰白色长柔毛；叶椭圆形，边缘有波状齿③；花萼外面密被长柔毛④；花冠蓝紫色。产胶东山区；生境同上。线叶筋骨草【*Ajuga linearifolia*，唇形科 筋骨草属】叶条状披针形⑤，边缘有少数锯齿；花淡紫色⑥。产鲁中南山区；生山地路旁、灌草丛中。

线叶筋骨草的叶条状披针形，其余二者叶较宽；筋骨草的茎和花萼无毛或被疏毛，多花筋骨草的茎和花萼密被长柔毛。

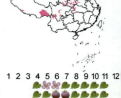

内折香茶菜

唇形科 香茶菜属

Isodon inflexus

Inflexed Isodon | nèizhéxiāngchácài

多年生草本；茎被倒向短柔毛；叶片卵圆形或菱状卵形②，长3～8厘米，两面疏被短柔毛；叶柄长1～5厘米，上部有翅；聚伞花序具梗，3～5花，组成顶生和腋生的狭圆锥花序②；苞片与叶同形，渐变小，小苞片条状披针形；花萼钟形，外被短柔毛，裂齿5；花冠紫色①，外有微柔毛，花冠筒近基部浅囊状，上唇4浅裂，下唇较花冠筒长；雄蕊4，包藏在下唇内①；小坚果椭圆形，无毛。

产于鲁中南及胶东山区。生于山地林缘、林下、湿润处。

相似种：蓝萼香茶菜【*Isodon japonicus* var. *glaucocalyx*，唇形科 香茶菜属】叶卵形③；聚伞花序具3～5花，组成疏松的圆锥花序；花萼蓝灰色，花冠淡粉色或近白色③，雄蕊及花柱伸出花冠外。产地同上；生境同上。

内折香茶菜花序较密集，雄蕊藏于花冠下唇内；蓝萼香茶菜花序较疏松，雄蕊外露。

黄芩 唇形科 黄芩属
Scutellaria baicalensis
Baikal Skullcap | huángqín

多年生草本；根状茎肥厚，粗达2厘米；茎基部伏地，上升，近无毛或被上曲至开展的微柔毛；叶具短柄，披针形至条状披针形②，长1.5～4.5厘米，全缘，两面无毛或疏被微柔毛，下面密被腺点；花序顶生，总状②，长7～20厘米；苞片下部叶状，上部者远较小，卵状披针形；花萼基部有囊状突起的盾片①，果时极增大；花冠紫色至蓝紫色①，筒近基部明显膝曲，下唇中裂片三角状卵圆形；小坚果卵球形，具瘤，腹面近基部具果脐。

产于鲁中南及胶东山区。生于林缘、林下、灌草丛中。

相似种：京黄芩【*Scutellaria pekinensis*，唇形科 黄芩属】叶卵形或三角状卵形④，边缘有圆钝锯齿；顶生总状花序；花冠淡蓝紫色③。产鲁中南山区；生林缘、林下。

黄芩的叶条状披针形，全缘；京黄芩的叶卵形，边缘有圆钝锯齿。

益母草 唇形科 益母草属
Leonurus japonicus
Japanese Motherwort | yìmǔcǎo

一或二年生草本；茎有倒向糙伏毛；茎下部叶轮廓卵形，掌状3裂①，其上再分裂，中部叶通常3裂成矩圆形裂片，裂片长2.5～6厘米，花序上的叶呈条形或条状披针形，全缘或具稀少牙齿，最小裂片宽在3毫米以上；叶柄长1～3厘米；轮伞花序轮廓圆形①，径2～2.5厘米，下有刺毛小苞片；花萼筒状钟形，5脉；花冠粉红色至淡紫红色②，花冠筒内有毛环，檐部二唇形，上唇外被柔毛，下唇3裂，中裂片倒心形；小坚果矩圆状三棱形。

产于全省各山区及平原地区。生于山地、田边、路旁、草丛中。

益母草的叶掌状分裂，从下部叶到中部叶裂片逐渐减少，轮伞花序生上部叶腋，花紫色；同属的錾菜花为白色，见192页。

糙苏 唇形科 糙苏属
Phlomis umbrosa

Jerusalem sage | cāosū

多年生草本；茎多分枝，疏被向下的短硬毛；叶近圆形、圆卵形至卵状矩圆形①，长5.2～12厘米；叶柄长1～12厘米；轮伞花序多数，生主茎及分枝上①②，其下有被毛的条状钻形苞片；花萼筒状，萼齿顶端具小刺尖，齿间形成2个不十分明显小齿，边缘被丛毛；花冠粉红色③，上唇边缘有不整齐的小齿，边缘有髯毛③，下唇3圆裂，中裂片较大；花丝无毛；小坚果无毛。

产于全省各山区。生于山地林缘、林下、灌草丛中。

糙苏的叶卵圆形，轮伞花序多数，其下有条状钻形苞片，花冠粉红色，上唇边缘被髯毛，下唇3裂；上唇的髯毛为容易识别的特征。

荔枝草 蛤蟆草 雪见草 唇形科 鼠尾草属
Salvia plebeia

Plebeian Sage | lìzhīcǎo

一或二年生草本；茎被向下的疏柔毛；叶对生，椭圆状卵形或披针形①，长2～6厘米，叶表面极皱，上面疏被微硬毛，下面被短疏柔毛；叶柄长0.4～1.5厘米，密被疏柔毛；轮伞花序具6花，密集成顶生的假圆锥花序①；苞片披针形，细小；花萼钟状，长2.7毫米，外被长柔毛②；花冠淡红色至蓝紫色②，筒内有毛环，下唇中裂片宽倒心形；雄蕊2；小坚果倒卵圆形，光滑。

产于全省各平原地区。生于房前屋后、田边、路旁、草丛中。

相似种：丹参【*Salvia miltiorrhiza*，唇形科 鼠尾草属】根红色；奇数羽状复叶③，侧生小叶1～3对，卵形；轮伞花序6至多花；花冠蓝紫色④。产全省各山区；生山地林缘、林下。

荔枝草叶为单叶，花较小，长约5毫米，常生于平原；丹参叶为复叶，花大，长约2.5厘米，生于山区。

麻叶风轮菜 　风车草　唇形科 风轮菜属
Clinopodium urticifolium
Nettle-leaf Clinopodium　|　máyèfēnglúncài

　　多年生草本；茎被向下的短硬毛；叶片卵形至卵状披针形①，长3～5.5厘米，上面被极疏的短硬毛，下面被稀疏贴生具节疏柔毛；叶柄长2～12毫米，被疏柔毛；轮伞花序多花，半球形①，具长3～5毫米的总花梗，总花梗上多分枝；苞叶叶状，渐变小，苞片条形，明显具中脉，被平展长硬毛；花萼狭筒状，外被平展白色纤毛及具腺微柔毛；花冠紫红色②，二唇形；小坚果倒卵球形，无毛。

　　产于鲁中南及胶东山区。生于山地、沟谷。

　　相似种：活血丹【*Glechoma longituba*，唇形科活血丹属】具匍匐茎；叶心形③；轮伞花序少花；花冠淡紫色③，下唇具深色斑点。产鲁中南及胶东山区，数量较少；生林缘、水边、湿润处。

　　麻叶风轮菜茎直立，叶卵状披针形，轮伞花序多花，花较小；活血丹茎匍匐上升，叶心形，轮伞花序少花，花较大。

石荠苧 　唇形科 石荠苧属
Mosla scabra
Scabrous Mosla　|　shíjìzhù

　　一年生草本；叶片卵状披针形或菱状披针形①，长1.2～3.5厘米，两面无毛或近无毛；叶柄长3～18毫米；假总状花序顶生①，长3～15厘米；苞片针状或条状披针形；花萼钟状，外面脉上被短硬毛，上唇3齿，齿端锐尖，下唇2齿；花冠淡紫色②，上唇微缺，下唇3裂，中裂片较大，具圆齿；雄蕊4，二强，后对雄蕊能育，前对退化为棒状；小坚果近球形，具疏雕纹。

　　产于鲁中南及胶东山区。生于山地林缘、水边、湿润处。

　　相似种：紫苏【*Perilla frutescens*，唇形科 紫苏属】叶宽卵形，背面常紫色；轮伞花序组成偏向一侧的假总状花序③；叶背面紫色者花紫红色④，叶背面绿色者花白色；叶可食，民间俗称"苏子"。产全省各山区，野生或栽培；生林缘、林下。

　　石荠苧叶披针形，较窄，仅1对雄蕊能育；紫苏叶宽卵形，较宽，2对雄蕊均能育。

地椒　唇形科 百里香属
Thymus quinquecostatus
Five-ribbed Thyme ｜ dì jiāo

矮小亚灌木，植株有浓烈香气，相隔很远即能嗅到；茎匍匐或斜升①，有不育枝；花枝多数，高3～15厘米，在花序以下密被向下弯曲的柔毛；叶长圆状椭圆形或长圆状披针形①，长7～13毫米，宽1.5～4.5毫米，全缘；轮伞花序组成头状花序，花紫红色②③；花萼管状钟形；花冠二唇形②③，上唇直伸，微凹，下唇开展，3裂，中裂片较长；小坚果卵圆形，光滑。

产于全省各山区。生于山地灌草丛中。

相似种:薄荷【***Mentha canadensis***，唇形科 薄荷属】植株有香气；叶矩圆状披针形④，边缘有粗锯齿；花冠淡紫色，有时白色，4裂，近辐射对称⑤，上裂片稍大。产全省各平原地区，野生或栽培；生水边、湿润处。

地椒植株矮小，茎匍匐，叶较小，全缘，花冠明显二唇形；薄荷茎直立，叶较大，有锯齿，花冠近辐射对称。

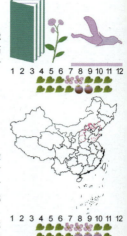

列当　列当科 列当属
Orobanche coerulescens
Skyblue Broomrape ｜ liè dāng

二年或多年生寄生草本，根状茎肥厚，全株密被蛛丝状长绵毛；茎直立，不分枝，具明显的条纹；叶鳞片状，卵状披针形①，长8～15毫米，黄褐色；顶生穗状花序①，长5～20厘米，密被绒毛，顶端钝圆或呈锥状；苞片卵状披针形，顶端尾尖，稍短于花冠；花萼2深裂至基部，每裂片顶端再2裂；花冠唇形，蓝色、紫色或蓝紫色②；上唇宽，2浅裂，下唇3裂，裂片近圆形；蒴果卵状椭圆形，长约1厘米；种子黑色③，多数。

产于全省各山区。多寄生于蒿属植物的根部。

列当为寄生草本，叶退化为鳞片状，穗状花序顶生，花蓝紫色，在花期容易见到。

透骨草　接生草　透骨草科 透骨草属

Phryma leptostachya subsp. *asiatica*

Asian Lopseed ｜ tòugǔcǎo

多年生草本；茎方形，有细柔毛；叶对生，卵形至卵状披针形②，长3～11厘米，宽2～7厘米，基部楔形下延成叶柄，边缘有钝齿，两面疏生细柔毛；叶柄长5～30毫米，有细柔毛；总状花序细长②；花小，多数，花期向上或平展，花后向下贴近总花梗①；花梗极短，有1苞片及2小苞片；花萼筒状，裂片5；花冠淡紫色①，上唇3裂，下唇2裂；瘦果下垂，棒状，长6～8毫米，包在宿存花萼内。

产于全省各山区。生于沟谷林下、阴湿处。

相似种： 陌上菜【*Lindernia procumbens*，玄参科 母草属】一年生矮小草本；茎自基部多分枝；叶椭圆形③，全缘；花单生叶腋；花冠淡紫色③。产全省各平原地区；生水边、湿润处。

二者花均较小；透骨草植株较高大，穗状花序，花梗果期下弯贴近总花梗，生于山区；陌上菜植株矮小，花单生叶腋，生于平原湿润处。

通泉草　玄参科 通泉草属

Mazus pumilus

Japanese Mazus ｜ tōngquáncǎo

一年生草本，植株无毛或被疏毛；茎直立或倾斜，不具匍匐茎，通常自基部多分枝；叶对生或互生，倒卵形至匙形①，长2～6厘米，基部楔形，下延成带翅的叶柄，边缘具不规则粗齿；总状花序顶生；花梗果期长达10毫米，上部的较短；花冠紫红色或淡紫色②③，上唇短直，2裂，裂片尖，下唇3裂；子房无毛；蒴果球形，与萼筒平。

主产于全省各平原地区，常见。生于路旁、田边、草丛中。

相似种： 弹刀子菜【*Mazus stachydifolius*，玄参科 通泉草属】全株被多细胞白色长柔毛⑤；叶匙形④，边缘具不规则锯齿；花冠紫色⑤；子房上部被长硬毛。产鲁中南及胶东山区；生山地林缘。

通泉草植株无毛或被疏毛，花较小，长约1厘米，子房无毛；弹刀子菜植株明显被毛，花较大，长1.5厘米以上，子房有毛。

山罗花

玄参科 山罗花属

Melampyrum roseum

Rose-colored Cowwheat | shānluóhuā

一年生草本，全株疏被鳞片状短毛，茎多分枝；叶对生，卵状披针形①③，长2～8厘米，宽0.5～3厘米；总状花序顶生①③；苞片下部的与叶同形，向上渐小，全缘；花梗短；花萼钟状，萼齿5，三角形，脉上具多细胞柔毛；花冠紫红色②，上唇帽状②，2齿裂，裂片向外翻卷，边缘密生须毛，下唇3齿裂；蒴果卵状长渐尖，长约13毫米，略侧扁，室背2裂。

主产于胶东山区。生于山地林缘、湿润处。

相似种：松蒿【*Phtheirospermum japonicum*，玄参科 松蒿属】叶卵状披针形，下端羽状全裂，向上渐变为浅裂④；花冠粉红色⑤，上唇直，稍呈盔状，下唇有两条横的大皱褶，上有白色长柔毛。产鲁中南及胶东山区；生林缘、水边、湿润处。

山罗花的叶不裂，萼齿全缘；松蒿的叶羽裂，萼齿有浅裂。

返顾马先蒿

玄参科 马先蒿属

Pedicularis resupinata

Resupinate Lousewort | fǎngùmǎxiānhāo

多年生草本；茎上部多分枝；叶互生，有时下部或中部叶对生，叶片卵形至矩圆状披针形，长2.5～5.5厘米，宽1～2厘米，边缘有钝圆的锯齿①③，齿上有浅色的胼胝或刺状尖头，常反卷；花序总状，苞片叶状；花萼长6～9毫米，长卵圆状，前方深裂，仅2齿；花冠紫红色②③，自基部即向右扭旋，使下唇及盔部成返顾状②③，盔的上部作两次弓曲，顶端成圆锥形长喙，下唇稍长于盔，略向前凸出；花丝仅1对有毛；蒴果斜矩圆状披针形。

产于全省各山区。生于山地灌草丛中。

返顾马先蒿叶互生，边缘有钝圆锯齿，上唇盔状，花自基部扭旋，使盔成返顾状。

角蒿　紫葳科 角蒿属

Incarvillea sinensis

Chinese Incarvillea　│ jiǎohāo

一年生草本，植株被微柔毛；茎圆柱形，有条纹；茎下部的叶对生，分枝上的叶互生，2至3回羽状分裂①；羽片4～7对，末回裂片条形或条状披针形；花序总状，有4～18朵花；花梗长约1厘米，基部有1苞片和2小苞片；花萼钟状，萼齿钻形，被微柔毛，长4～10毫米，基部膨胀；花冠唇形，紫红色②，常常刚开放几小时即脱落；花冠筒内基部有腺毛，裂片圆或凹入；雄蕊4枚；蒴果圆柱形，先端渐尖，呈角状③，长3.8～11厘米；种子卵形，有翅，宽1～2毫米，透明。

产于鲁中南及胶东山区。生于山坡灌草丛中。

花序总状，花冠唇形；叶多回羽裂，似蒿属植物，果实角状，故名"角蒿"。

地黄　米罐棵 蜜糖管　玄参科 地黄属

Rehmannia glutinosa

Glutinous Rehmannia　│ dì huáng

多年生草本，全株密被白色长腺毛；根肉质，黄色；叶多基生，莲座状①，叶片倒卵状披针形，长3～10厘米，边缘有钝锯齿①；有少量茎生叶，较小；总状花序顶生，具苞片，由下而上渐小；花多少下垂；花萼筒状坛状，萼齿5，反折；花冠紫红色或棕红色①，唇形，上唇裂片反折，下唇3裂片开展；子房2室，花后渐变为1室；蒴果卵形。

产于全省各平原地区及山区。生于山地林缘、路旁、田边、草丛中。

相似种：旋蒴苣苔【*Boea hygrometrica*，苦苣苔科 旋蒴苣苔属】叶基生，卵圆形，叶脉深陷②；花序从基部发出；花淡蓝紫色，唇形②；蒴果长条形，成熟时扭曲③。产全省各山区。生石缝中。

地黄的植株较高大，蒴果卵形，生境广泛；旋蒴苣苔的植株和花均较小，蒴果条形，成熟时螺旋状扭曲，故名"旋蒴苣苔"，只生长在阴坡的岩石缝中。

展毛乌头　　毛茛科 乌头属

Aconitum carmichaelii var. *truppelianum*

Truppel's Monkshood ｜ zhǎnmáowūtóu

多年生高大草本，块根倒圆锥形，粗1～1.6厘米；茎中部叶有长柄，叶片五角形（①右上），长6～11厘米，宽9～15厘米，基部浅心形3裂，中央裂片菱形，顶端急尖；顶生总状花序长6～25厘米①，花序轴和花梗有开展的柔毛；下部苞片3裂，中上部苞片披针形；花梗长1.5～5厘米；萼片深蓝紫色②，上萼片盔形②，花瓣包被于花萼内，心皮3～5，被短柔毛；蓇葖果长1.5～1.8厘米。

产于鲁中南及胶东山区。生于山地林缘。

相似种：高帽乌头【*Aconitum longecassidatum***，毛茛科 乌头属】**叶五角状肾形，3裂至中部；总状花序具6～10朵花，花序轴及花梗密被反曲的黄色短毛；萼片蓝紫色，上萼片圆筒形③④。产胶东山区；生境同上。

展毛乌头花序多花，上萼片盔形，较矮；高帽乌头花序少花，上萼片圆筒形，较高。

小药八旦子　　罂粟科 紫堇属

Corydalis caudata

Tailed Fumewort ｜ xiǎoyàobādànzǐ

多年生草本，有球形块茎，径0.5～1.5厘米；茎细弱，基部以上具1鳞片；叶互生，2回三出复叶①，小叶披针形倒卵形，长9～25厘米，宽7～15毫米，全缘，有时分裂；总状花序具数朵，苞片披针形至卵圆形，全缘；花梗纤细，长6～14毫米；花蓝紫色或淡蓝色②右；上花瓣长约2厘米，距圆筒形②右，弧形上弯，长1.2～1.4毫米；蒴果椭圆形，下垂②左，长8～15毫米；本种常被误定为全叶延胡索 *C. repens*，实际后者不产山东。

主产于鲁中南山区。生于林缘、林下。

相似种：胶州延胡索【*Corydalis kiautschouensis***，罂粟科 紫堇属】**2至3回三出复叶③；苞片倒卵形，常扇形分裂④右；花蓝紫色④左；蒴果宽披针形，直立④右。主产胶东山区；生境同上。

小药八旦子苞片全缘，果实下垂；胶州延胡索苞片多数分裂，果实直立。

裂叶堇菜　　堇菜科 堇菜属
Viola dissecta
Dissected Violet ｜ lièyèjǐncài

1 2 3 4 5 6 7 8 9 10 11 12

　　多年生草本；叶基生，叶片轮廓呈圆形、肾形或宽卵形，长1.2～9厘米，宽1.5～10厘米，果期增大②，3～5全裂①，两侧裂片具短柄，常2深裂，中裂片3深裂，小裂片条形；托叶近膜质，约2/3以上与叶柄合生；花紫色至淡紫色①；萼片卵形，披针形，基部具短的附属物；下方花瓣有距①，连距长1.4～2.2厘米，距圆筒形，长4～8毫米；蒴果长圆形（①右下），熟时开裂（②左下）。

　　产于鲁中南山区，数量较少。生于山地林缘、林下。

　　相似种：地丁草【*Corydalis bungeana*，罂粟科紫堇属】二年生草本；叶3至4回羽状全裂③；总状花序；花瓣淡紫色④，上面花瓣有距④。产鲁中南及其以北的平原地区；生路旁、田边、草丛中。

　　裂叶堇菜花全部基生，花单生，花瓣5，上瓣有距；地丁草有茎生叶，总状花序，花瓣4，下瓣有距。

斑叶堇菜　　堇菜科 堇菜属
Viola variegata
Variegated-leaf Violet ｜ bānyèjǐncài

1 2 3 4 5 6 7 8 9 10 11 12

　　多年生草本；叶基生，具长柄，近圆形或宽卵形，长1.5～2.5厘米，基部心形或近于截形，顶端通常圆，边缘有细圆齿，上面绿色，沿脉有白色斑纹①，鲜时尤为明显，下面常带紫色；果期叶增大，长可达7厘米；托叶披针形，边缘具疏睫毛；花紫色或淡紫色②；萼片5片，卵状披针形或披针形，基部附属物短，顶端圆或截形；花瓣5片，下方花瓣有距②，长5～7毫米；果椭圆形，长约7毫米，无毛；常于秋季二次开花。

　　主产于鲁中南山区。生于山地林缘。

　　相似种：细距堇菜【*Viola tenuicornis*，堇菜科堇菜属】叶卵形或宽卵形③，果期增大，边缘具浅圆齿，上面绿色，下面绿色或带紫色；花紫色③。产地同上；生境同上。

　　斑叶堇菜叶上面沿脉有白色斑纹，细距堇菜叶上面无斑纹或斑纹不明显。

1 2 3 4 5 6 7 8 9 10 11 12

球果堇菜　毛果堇菜　堇菜科 堇菜属
Viola collina
Mountain-growing Violet　|　qiúguǒjǐncài

多年生草本，无地上茎；叶基生，具长柄，心形或近圆形①②，长达2.5厘米，边缘有浅而钝的锯齿，两面被柔毛，叶柄具倒向短毛；托叶膜质，边缘有睫毛；花两侧对称，具长梗；萼片5，披针形，基部附属物不显著；花瓣淡紫色②，下瓣有距，长约3毫米；果近球形①（①左上），熟时果柄下弯，接近地面，靠蚁类传播种子。

产于鲁中南及胶东山区。生于林缘、林下。

相似种：北京堇菜【*Viola pekinensis*，堇菜科堇菜属】叶心形，长宽近相等③，叶缘具波状齿，齿端向前弯；花瓣淡紫色③或白色（另见194页）；本种过去被误定为蒙古堇菜*V. mongolica*。产地同上；生林缘、林下。

球果堇菜全株明显被柔毛，果实成熟时下垂接近地面；北京堇菜植株近无毛，叶缘锯齿向前弯（果期尤为明显），果实成熟时直立。

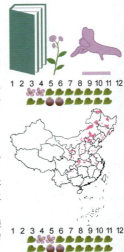

早开堇菜　堇菜科 堇菜属
Viola prionantha
Serrate-flower Violet　|　zǎokāijǐncài

多年生草本，无地上茎；叶基生，叶片披针形或卵状披针形②，长3～5厘米，顶端钝圆，基部截形或有时近心形，稍下延，边缘有细圆齿；托叶边缘白色；花两侧对称；萼片5，披针形或卵状披针形，基部附属较长；花瓣5片，紫色①，有时为淡紫色或白色（①左上），下瓣距长5～7毫米；果实无毛；常于秋季二次开花。

产于全省各平原地区及山区，为常见杂草。生于房前屋后、路旁、田边、草丛中。

相似种：紫花地丁【*Viola philippica*，堇菜科堇菜属】叶长披针形④，叶基部截形、微心形或宽楔形，叶柄常带紫色；花紫色③，距较细。主产全省各山区，平原地区也有；生山地林缘、路旁。

早开堇菜的叶卵状披针形，叶柄常为绿色，比叶片短；紫花地丁的叶长披针形，叶柄常带紫色，与叶片近相等；二者在果期易于区别。

鸭跖草　鸭跖草科 鸭跖草属

Commelina communis

Asiatic Dayflower | yāzhícǎo

一年生披散草本，茎匍匐，节处易生根，长可达1米；叶披针形至卵状披针形①，长3～8厘米，宽1.5～2厘米；总苞片佛焰苞状，有1.5～4厘米长的柄，与叶对生，折叠，镰刀状弯曲①；聚伞花序有花数朵；萼片膜质，长约5毫米；花瓣深蓝色①②，内面2枚有长爪，长近1厘米，外面1枚很小；雄蕊6枚，3长3短①②；蒴果椭圆形。

产于全省各平原地区及山区。生于路旁、山地、湿润处。

相似种:饭包草【*Commelina benghalensis*，鸭跖草科 鸭跖草属】叶有明显的叶柄，叶片卵形③；总苞片佛焰苞状，柄极短；花瓣蓝色③。产全省各平原地区及山区，少见；生境同上。

鸭跖草叶较狭，披针形，无柄，花较大；饭包草叶较宽，卵形，有明显叶柄，花较小，径不及8毫米。

绶草　盘龙参　兰科 绶草属

Spiranthes sinensis

Chinese Lady's Tresses | shòucǎo

多年生草本，根簇生，肉质；茎基部生2～4枚叶，叶条状倒披针形或条形，长10～20厘米，宽4～10毫米；花序顶生，长10～20厘米，具多数密生的小花，花紫红色①，偶有白色，呈螺旋状排列②；苞片卵形，长渐尖；唇瓣近矩圆形，长4～5毫米，中部之上具强烈的皱波状的啮齿①。

产于全省各山区，平原地区也有。生于山地灌草丛中、水边、湿润处。

相似种:无柱兰【*Amitostigma gracile*，兰科 无柱兰属】通常具1枚叶，叶近无柄，矩圆形④；总状花序具5～20余朵疏生的小花，粉红色；唇瓣3裂③，有距③。产鲁中南及胶东山区；生林缘、石缝中、阴湿处。

绶草叶条形，花序密集，花排列呈螺旋状，唇瓣无距；无柱兰通常仅1枚叶，矩圆形，花排列疏松，唇瓣有距。

藿香　唇形科 藿香属
Agastache rugosa
Korean Mint │ huòxiāng

多年生草本，植株具香气；茎上部被极短的细毛；叶具长柄，心状卵形至矩圆状披针形①，长4.5～11厘米，宽3～6.5厘米；轮伞花序多花，在主茎或侧枝上组成顶生密集圆筒状的假穗状花序①；苞片披针状条形；花萼筒状倒锥形，长约6毫米；花冠淡紫色①，筒直伸，上唇微凹，下唇3裂，中裂片最大；雄蕊4，二强，伸出（①右下）；花柱顶端等2裂；小坚果卵状矩圆形。

产于鲁中南及胶东山区。生于林缘、林下。

相似种：香薷【*Elsholtzia ciliata*，唇形科 香薷属】植株具强烈香气；叶椭圆状披针形②；轮伞花序多花，组成偏向一侧的假穗状花序（②左上）；花冠淡紫色。产地同上；生山地灌丛中。

藿香的花序不偏向一侧，苞片窄，条形；香薷的花序偏向一侧，苞片宽大，卵圆形。

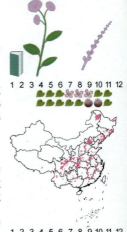

草本威灵仙　轮叶婆婆纳　玄参科 腹水草属
Veronicastrum sibiricum
Siberian Veronicastrum │ cǎoběnwēilíngxiān

多年生草本，全株光滑无毛；茎一般不分枝；叶4～6枚轮生，叶片矩圆形至宽条形②，长8～15厘米，顶端渐尖，边缘有三角形锯齿；穗状花序顶生①，极少在最上部的叶腋中有小分枝；花梗长约1毫米；花萼5深裂，裂片不等长，钻形；花冠筒状，紫红色或蓝紫色①，长5～7毫米，4裂，裂片宽度稍不等，长1.5～2毫米，花冠筒内面被毛；雄蕊2枚；蒴果卵形，长3.5毫米。

产于鲁中南及胶东山区。生于山地林缘、灌草丛中。

相似种：青葙【*Celosia argentea*，苋科 青葙属】叶互生，矩圆状披针形③，全缘；穗状花序，苞片、小苞片和花被片均为干膜质，淡红色④，偶有白色。产于全省各平原地区，为田间杂草；生田边、路旁，或栽培。

草本威灵仙叶轮生，有锯齿，花蓝紫色；青葙叶互生，全缘，花淡红色，干膜质。

水蔓菁 玄参科 穗花属

Pseudolysimachion linariifolium subsp. ***dilatatum***

Dilated Speedwell | shuǐmánjīng

多年生草本，有短的根状茎；下部叶对生，上部叶对生或近对生，条状披针形或宽条形①，长3～8厘米，宽1～2厘米，顶端钝或急尖，基部楔形，边缘有三角状锯齿；总状花序顶生枝端①，细长，常弯曲；花萼4深裂，裂片披针形，长2～3毫米；花冠蓝色或淡蓝紫色（①左上），筒部宽，喉部有柔毛，裂片4，宽度不等，后方一枚圆形，其余3枚卵形；蒴果卵球形，稍扁，顶端微凹。

产于全省各山区。生于林缘、灌草丛中。

相似种：细叶穗花【*Pseudolysimachion linariifolium*, 玄参科 穗花属】茎下部的叶常对生，上部的多互生，条形②，上部边缘有小锯齿；花蓝色或蓝紫色②。主产胶东山区；生沟谷林缘。

水蔓菁的叶较宽，几乎全部对生；细叶穗花的叶较窄，下部叶对生，上部叶互生。

拳参 拳蓼 蓼科 蓼属

Polygonum bistorta

Meadow Bistort | quánshēn

多年生草本，根状茎肥厚；茎直立，不分枝；叶矩圆状披针形或狭卵形①，长10～18厘米，宽2.5～5厘米，顶端急尖或狭尖，基部圆钝或截形，沿叶柄下延成狭翅，边缘外卷；茎上部叶无柄，披针形；托叶鞘筒状，膜质；花序穗状①②，顶生；苞片卵形，淡褐色，膜质；花淡紫色①②，偶有白色；花被5深裂；瘦果椭圆形，有3棱，红褐色。

产于全省各山区。生于山地林下、林缘、灌草丛中。

相似种：红蓼【*Polygonum orientale*，蓼科 蓼属】一年生高大草本；叶有长柄，叶片卵形或宽卵形④；托叶鞘筒状，上部草质，向外开展③，绿色；花淡红色④，偶有白色。产全省各平原地区；生路旁、水边，或在水中挺水。

拳参的叶披针形，基部沿叶柄下延成翅，托叶鞘膜质，穗状花序单生茎端；红蓼的叶卵形，宽大，托叶鞘上部草质，穗状花序多个形成圆锥状。

草本植物 花紫色或近紫色 小而多 组成穗状花序

酸模叶蓼　马蓼 旱苗蓼　蓼科 蓼属
Polygonum lapathifolium

Curlytop Knotweed　|　suānmóyèliǎo

　　一年生草本：茎直立，有分枝；叶披针形或宽披针形，大小变化很大，长6～20厘米，宽2～4厘米，顶端渐尖或急尖，基部楔形，上面绿色，常有黑褐色新月形斑点，全缘，边缘生粗硬毛；托叶鞘筒状，膜质②，无毛；花序穗状②，数个构成大的圆锥状花序；花淡红色或紫红色①；花被通常4深裂；雄蕊6，花柱2；瘦果卵形，黑褐色，光亮。

　　产于全省各平原地区及山区，常见。生于路旁、水边、草丛中、湿润处。

　　相似种：春蓼【*Polygonum persicaria*，蓼科 蓼属】一年生草本；叶披针形或狭披针形④；托叶鞘膜质，外被硬毛，上端有缘毛③；穗状花序集成圆锥状花序；花粉红色④，排列紧密。产鲁中南及胶东地区；生境同上。

　　酸模叶蓼的托叶鞘无毛；春蓼的托叶鞘膜外被硬毛，上端有缘毛。

长鬃蓼　马蓼　蓼科 蓼属
Polygonum longisetum

Long-seta Knotweed　|　chángzōngliǎo

　　一年生草本：叶披针形①，长5～13厘米，宽1～2厘米，上面近无毛，中间常有一黑斑，下面沿叶脉具短伏毛；托叶鞘筒状，长7～8毫米，疏生柔毛，顶端有长缘毛（②左上）；花序呈穗状②，顶生或腋生，细弱，下部间断，长2～4厘米；花淡红色或紫红色②；瘦果具3棱，黑色，有光泽。

　　产于鲁中南及胶东山区，平原地区也有。生于水边、湿润处。

　　相似种：水蓼【*Polygonum hydropiper*，蓼科 蓼属】一年生草本，植株味极辣；叶披针形，长4～7厘米；托叶鞘膜质，先端有缘毛；节处常有一红色的环④；花淡红色③，有时绿白色⑤。产全省各平原地区，山区也有；生境同上。

　　长鬃蓼植株无辣味，节处无红色环，托叶鞘先端有长缘毛；水蓼植株有辣味，节处有红色环，托叶鞘先端有短缘毛。

尼泊尔蓼　头状蓼　蓼科 蓼属

Polygonum nepalense

Nepalese Smartweed │ níbó'ěrliǎo

一年生草本，茎细弱，直立或平卧，有分枝；下部叶有柄，上部叶近无柄，抱茎；叶片卵形或三角状卵形①②，长3～5厘米，宽2～4厘米，顶端渐尖，基部截形或圆形，全缘，下面密生金黄色腺点，沿叶柄下延呈翅状或耳垂形②；花序头状，顶生或腋生，花密集；花粉红色①②，偶有白色；花被通常4深裂，裂片矩圆形；瘦果圆形，两面凸出，黑色，密生小点，无光泽。

主产于鲁中南山区。生于山地林缘、水边、湿润处。

相似种：箭叶蓼【*Polygonum sieboldii*，蓼科 蓼属】茎叶均有倒生钩刺；叶长卵状披针形，基部箭形④⑤；花序短缩呈头状，淡红色⑤，有时白色。产鲁中南及胶东山区；生境同上。

尼泊尔蓼的叶基部耳垂形，花密集，植株无刺；箭叶蓼的叶基部箭形，花稀疏，植株有刺。

华东蓝刺头　菊科 蓝刺头属

Echinops grijsii

East China Globethistle │ huádōngláncìtóu

多年生草本；叶长椭圆形，长5～25厘米，羽状深裂①，裂片通常4对，卵状椭圆形，有短刺，边缘有缘毛状细刺，上面无毛，下面密生白绒毛；复头状花序球形②，由数个小头状花序组成；小头状花序长约10～16毫米，苞片顶端锐尖①，含1朵管状小花，花冠筒状，蓝色②；瘦果圆筒形，长约7毫米，有细毛；冠毛短冠状。

产于全省各山区。生于山地林缘。

相似种：日本续断【*Dipsacus japonicus*，川续断科 川续断属】茎有棱，棱上有倒钩刺；叶对生③，羽状深裂，背面和叶柄均有钩刺；头状花序刺球状；花冠淡紫色④，漏斗状，裂片4。产鲁中南山区，数量较少；生沟谷林缘。

二者植株均有刺；华东蓝刺头叶互生，背面被白毛，小头状花序组成复头状花序，花蓝色；日本续断叶对生，单头状花序，花淡紫色。

蓟 大蓟 菊科 蓟属

Cirsium japonicum

Japanese Thistle │ jì

多年生草本；茎被灰黄色膜质长毛；基生叶矩圆形，长15～30厘米，宽5～8厘米，中部叶无柄，基部抱茎，1至2回羽状分裂①，第1回为深裂，边缘具刺，上面绿色，疏被膜质长毛，下面沿脉有长毛；头状花序单生枝端①，总苞下常有退化的叶1～2枚；总苞有蛛丝状毛；总苞片多层，条状披针形，顶端有短刺；花全为管状，紫红色②，长1.5～2厘米；瘦果长椭圆形，冠毛暗灰色。

主产于胶东山区，鲁中南也有。生于山地林缘、灌草丛中。

相似种：绿蓟【*Cirsium chinense*，菊科 蓟属】 叶羽状浅裂或半裂③，上部叶常不裂；头状花序排成伞房状，内层总苞片顶端膜质扩大，红色；花紫红色④。产胶东及鲁中南山区；生林缘、林下。

蓟的叶1至2回羽裂，头状花序较大，径达3厘米；绿蓟的叶1回羽状浅裂或不裂，头状花序较小，径不及2厘米。

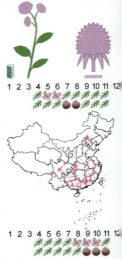

1 2 3 4 5 6 7 8 9 10 11 12

刺儿菜 小蓟 青青菜 菊科 蓟属

Cirsium segetum

Segetal Thistle │ cìrcài

多年生草本，有地下根状茎；叶倒披针形②③，长5～8厘米，宽1～3厘米，全缘或具缺刻状齿，边缘具细刺②，上面绿色，近无毛，下面被毛，后脱落；头状花序生于枝端，单性，雌雄异株；总苞圆形或卵形，总苞片先端针刺状；花全为管状，紫色①；瘦果倒卵形，无毛；冠毛白色。

产于全省各平原地区及山区，为常见杂草。生于田边、路旁、草丛中。

相似种：大刺儿菜【*Cirsium setosum*，菊科 蓟属】 叶羽状浅裂或中裂④，边缘有细刺，下面密被白色绒毛，后脱落；头状花序小，多数集生于枝端；总苞长卵形，花紫色⑤。产全省各平原地区；生水边、湿润处。

刺儿菜植株较矮小，叶不裂或浅裂，枝端的头状花序数量较少，总苞较宽，春夏开花；大刺儿菜植株较高大，叶羽状分裂，头状花序多数，集生于枝端，总苞较窄，夏秋开花。

1 2 3 4 5 6 7 8 9 10 11

草本植物 花紫色或近紫色 小而多 组成头状花序

丝毛飞廉　飞廉　菊科 飞廉属

Carduus crispus

Curly Plumeless Thistle ｜ sīmáofēilián

　　二年生草本；茎有翼①，翼有齿刺；叶椭圆状披针形，长5～20厘米，羽状深裂①，裂片边缘具刺，长3～10毫米，上面绿色具微毛，下面有蛛丝状毛，后渐变无毛；头状花序数个生枝端，总苞钟状，总苞片多层，条状披针形，顶端尖头，成刺状②，向外反曲；花全为管状，紫色②，偶有白色；瘦果长椭圆形，冠毛白色。

　　产于全省各山区，平原地区也有。生于路旁、田边、山地。

　　相似种：刺疙瘩【*Olgaea tangutica*，菊科 蝟菊属】叶质硬，基部沿茎下延成翼③，羽裂③，裂片具刺齿，下面灰白色，被绒毛；花管状，紫色④。产鲁中南山区；生山地林缘、灌草丛中。

　　丝毛飞廉头状花序较小，径不及3厘米，叶背面绿色，有蛛丝状毛；刺疙瘩头状花序较大，径3厘米以上，叶背面密被白色绒毛。

漏芦　祁州漏芦　菊科 漏芦属

Stemmacantha uniflora

Uniflower Swisscentaury ｜ lòulú

　　多年生草本，主根圆柱形，茎直立，不分枝，单生或数个同生一根上；叶羽状深裂至浅裂①，长10～20厘米，裂片矩圆形，长2～3厘米，具不规则锯齿，两面被软毛；头状花序单生茎顶①，总苞宽钟状，总苞片多层，外面具干膜质的附片②；花全为管状，紫色②，长约2.5厘米；瘦果倒圆锥形，冠毛刚毛状。

　　产于全省各山区。生于山地林缘、林下、灌草丛中。

　　相似种：麻花头【*Serratula centauroides*，菊科 麻花头属】叶羽状深裂③，裂片全缘或有疏齿；总苞片卵状三角形，先端尖；花全为管状，淡紫色④。产地同上；生境同上。

　　漏芦的头状花序很大，径4厘米以上，总苞片外面有干膜质的附片；麻花头的头状花序小，径不及2厘米，总苞片卵状三角形，先端坚硬。

泥胡菜 和尚头 菊科 泥胡菜属

Hemistepta lyrata

Lyrate Saw-wort | níhúcài

　　二年生草本；基生叶莲座状，秋季生出，倒披针形，长7～21厘米，提琴状羽裂②，顶裂片三角形，较大，下面被白色蛛丝状毛；茎中部叶椭圆形，渐小；头状花序多数，在枝端排列成疏松的伞房花序①；总苞球形，总苞片约5～8层，卵形，背面具紫红色鸡冠状附片（①左上）；花全为管状，紫色；瘦果圆柱形，冠毛白色。

　　主产于全省各平原地区，山区也有。生于山地路旁、田边、草丛中。

　　相似种：蒙古风毛菊【*Saussurea mongolica*，**菊科 风毛菊属】**叶羽状三角形，下半部羽状深裂⑤或不裂③，边缘有粗齿；总苞片顶端长渐尖，向外反折④；花紫色④。产全省各山区；生山地林缘。

　　泥胡菜的叶提琴状羽裂，总苞片背面有鸡冠状附片；蒙古风毛菊的叶卵状三角形，下部羽裂或不裂，总苞片无附片，顶端反折。

小红菊 菊科 菊属

Chrysanthemum chanetii

Chanet's Chrysanthemum | xiǎohóngjú

　　多年生草本；基生及下部茎生叶掌状或羽状浅裂②，宽卵形或肾形，长达10厘米，宽达5厘米，两面有腺点及绒毛，叶柄有翅；中部叶渐小，基部截平或宽楔形；头状花序数个在枝端排成伞房状①，总苞长6～10毫米，总苞片边缘膜质；舌状花粉红色或淡紫色，有时近白色，管状花黄色；瘦果无冠毛，有5～8条不明显纵肋。

　　主产于胶东山区。生于沟谷林缘、林下。

　　相似种：紫花野菊【*Chrysanthemum zawadskii*，**菊科 菊属】**基生及茎下部叶2回羽状全裂或深裂③；中部叶变小，羽裂或不裂；舌状花粉红色或近白色④，管状花黄色。产崂山、昆嵛山、泰山等地，少见；生境同上。

　　小红菊的基生叶和茎下部叶掌状或羽状浅裂；紫花野菊则为2回羽状全裂或深裂。

三脉紫菀　三褶脉紫菀　菊科 紫菀属

Aster ageratoides

Whiteweed-like Aster　|　sānmàizǐwǎn

多年生草本；茎直立，有柔毛或粗毛；叶形变化极大，宽卵形、椭圆形或矩圆状披针形，长5～15厘米，宽1～5厘米，顶端渐尖，基部楔形，离基三出脉①②，边缘有3～7对粗锯齿，两面有短柔毛，或近无毛；头状花序在枝端排列成伞房状或圆锥伞房状②；总苞片3层，条状矩圆形；舌状花10余个，舌片紫色、淡紫色①②或白色（另见200页）；管状花黄色；瘦果长约2毫米。

产于全省各山区，常见。生于山地林缘、林下、灌草丛中。

相似种：钻叶紫菀【*Aster subulatus*，菊科 紫菀属】叶条状披针形③，全缘；头状花序小，排成圆锥状，舌状花淡紫色，管状花黄色③。原产美洲，全省各地有逸生；生路旁、林缘、草丛中。

三脉紫菀叶较宽，离基三出脉，有锯齿，头状花序较大，径15毫米以上；钻叶紫菀叶狭长，全缘，头状花序小，径不及10毫米。

阿尔泰狗娃花　菊科 狗娃花属

Heteropappus altaicus

Altaic Aster　|　ā'ěrtàigǒuwáhuā

多年生草本；叶互生，条形①，长2.5～6厘米，宽0.7～1.5厘米，两面被糙毛，触摸有明显粗糙感；头状花序单生枝顶或排成伞房状；总苞片2～3层，草质，被毛和腺体，边缘膜质；舌状花约20个，舌片淡紫色①；管状花黄色，有5裂片，其中1裂片较长；全部小花冠毛同型，均较长②。

产于全省各山区，平原地区也有。生于山地林缘、路旁、灌草丛中。

相似种：狗娃花【*Heteropappus hispidus*，菊科 狗娃花属】叶条形③，被糙毛；舌状花淡紫色、淡红色④或近白色，冠毛极短⑤左）；管状花黄色，冠毛较长（⑤右）。产全省各山区；生境不一。

阿尔泰狗娃花的头状花序径约20毫米，小花冠毛同型，花期春夏季；狗娃花的头状花序径30毫米以上，舌状花冠毛极短，管状花冠毛较长，花期夏秋季。

马兰　马兰头 鸡儿肠　菊科 马兰属

Kalimeris indica

Indian Aster　│ mǎlán

多年生草本；叶互生，茎下部叶披针形或倒卵状矩圆形，长3～10厘米，宽0.8～5厘米，边缘有稀疏的疏粗齿或羽状浅裂①；上部叶小，全缘；头状花序在枝顶排成疏伞房状；总苞片2～3层，草质，边缘膜质，有睫毛；舌状花1层，舌片淡红色①，有时近白色；管状花多数，黄色；瘦果倒卵状矩圆形，冠毛极短。

产于全省各平原地区，山区也有。生于山地路旁、草丛中。

相似种：山马兰【*Kalimeris lautureana*，菊科马兰属】叶质厚，边缘有疏齿，两面疏生短糙毛；总苞片近革质，边缘膜质；舌状花淡红色②；冠毛极短③。主产胶东山区；生山地灌草丛中。

马兰的叶质薄，头状花序较小，径约2厘米，总苞片草质；山马兰的叶质厚，头状花序大，径3厘米以上，总苞片近革质。

全叶马兰　全叶鸡儿肠　菊科 马兰属

Kalimeris integrifolia

Integrifolious Aster　│ quányèmǎlán

多年生草本，茎多分枝；叶互生，条状披针形或倒披针形①，长1.5～4厘米，宽3～6毫米，顶端钝或尖，基部渐狭，无柄，全缘①；头状花序在枝顶排成疏伞房状；总苞片3层，草质；舌状花1层，舌片淡紫色或淡红色②，有时近白色，长6～11毫米，宽1～2毫米，管状花黄色；瘦果倒卵形，长1.8～2毫米，冠毛极短。

产于全省各山区，较少见。生于山地林缘。

相似种：碱菀【*Tripolium vulgare*，菊科 碱菀属】叶条形，稍肉质④；头状花序排成伞房状③；总苞片肉质；舌状花淡紫色或淡红色③；瘦果狭矩圆形，冠毛多层，白色或带粉红色⑤。主产鲁西北地区；生水边、盐碱地。

全叶马兰的叶和总苞片草质，冠毛极短（为马兰属的特征）；碱菀的叶和总苞片肉质，冠毛长，多层。

林泽兰 白鼓钉 尖佩兰   菊科 泽兰属
Eupatorium lindleyanum
Lindley's Thoroughwort │ línzélán

多年生草本；叶对生，无柄或几无柄，条状披针形①，长5～12厘米，宽1～2厘米，三裂或不裂，边缘有疏锯齿，基出三脉；头状花序多数，在分枝顶端排列成紧密的聚伞花序状①②；总苞钟状，总苞片淡绿色或带紫红色，顶端急尖（①右下）；头状花序含5个管状两性花，淡紫色或粉红色②；瘦果长2～3毫米，有腺点。

产于全省各山区。生于山地林缘。

相似种：白头婆【*Eupatorium japonicum*，菊科 泽兰属】多年生草本；叶对生，有长短不等的叶柄，椭圆形或矩椭圆形③，长7～12厘米；头状花序多数，在分枝顶端排成疏松的聚伞花序；总苞钟状，总苞片顶端钝（③右上）；花淡紫色③。产胶东山区；生境同上。

林泽兰叶无柄，花序紧密，总苞片先端锐尖；白头婆叶有柄，花序较疏松，总苞片先端钝。

兔儿伞   菊科 兔儿伞属
Syneilesis aconitifolia
Shredded Umbrella Plant │ tùrsǎn

多年生草本，根状茎匍匐；基生叶1，花期枯萎；茎生叶2，互生，叶片圆盾形，直径20～30厘米，掌状深裂①②，裂片7～9，再作2～3回叉状分裂，宽4～8毫米，边缘有不规则的锐齿，无毛，下部叶有长10～16厘米的叶柄；头状花序多数，在顶端密集成复伞房状①③，花序梗长5～16毫米，基部有条形苞片；总苞圆筒状；总苞片1层，矩圆状披针形，长9～12毫米，无毛；花序含数个管状花，淡红色③；瘦果圆柱形，长5～6毫米，有纵条纹；冠毛灰白色或淡红褐色。

产于鲁中南及胶东山区。生于林缘、林下。

兔儿伞的叶圆形，叶柄盾状着生，掌裂，头状花序含少数小花，淡红色，易于识别。

有斑百合　百合科 百合属

Lilium concolor var. *pulchellum*

Pretty Lily ｜ yǒubānbǎihé

多年生草本，鳞茎卵形球形；叶在茎上螺旋状着生，较疏散①，宽条形①，长6～9厘米，宽2～7毫米，边缘有小突起，两面无毛；花1至数朵，生于茎顶，红色②；花被片6，长椭圆形至矩圆形，长3～4.5厘米，宽6～7毫米，上面散生紫黑色斑点②；子房长1～2厘米，花柱比子房短；蒴果矩圆形，长2.5～3厘米，宽1.8～2.2厘米。

产于全省各山区。生于山坡灌草丛中。

相似种：山丹【*Lilium pumilum*，百合科 百合属】叶在茎上螺旋状着生，密集③，叶条形，常呈镰刀状弯曲；花红色，悬垂③，花被片反卷④，无斑点，花柱比子房长。产鲁中南山区，较少见；生境同上。

有斑百合叶稍宽，着生较疏散，花被片不反卷，其上有斑点；山丹叶窄条形，着生非常密集，花被片反卷，无斑点。

青岛百合　崂山百合　百合科 百合属

Lilium tsingtauense

Qingdao Lily ｜ qīngdǎobǎihé

多年生草本，有球形鳞茎；茎直立，无毛；叶集中在茎中部轮生①，有5～16枚，余处也有几枚叶散生，矩圆状披针形，长7～17厘米，宽2～4.5厘米；花1至数朵生于茎顶，橙红色；花被片6，矩圆状披针形，长5～5.5厘米，宽1.2～1.5厘米，散生淡紫色斑点②；花柱比子房长，柱头膨大。

产于胶东山区，数量稀少，以崂山最为常见，随着环境破坏，种群日趋减少，应注意保护。生于林缘、水边、灌草丛中。

相似种：卷丹【*Lilium tigrinum*，百合科 百合属】叶在茎上螺旋状着生③，拔针形，叶腋内常有黑色的珠芽③；花橙红色④，花被片反卷，密生紫黑色斑点④。主产鲁中南及胶东山区；生山地林缘、石缝中。

青岛百合的叶轮生，花被片不反卷，叶腋无珠芽；卷丹的叶互生，花被片反卷，叶腋常有珠芽。

地榆 黄瓜香 蔷薇科 地榆属

Sanguisorba officinalis

Official Burnet ┃ dì yú

多年生草本，植株有黄瓜味；奇数羽状复叶，小叶2～7对②，矩圆状卵形至长椭圆形，长2～6厘米，宽0.8～3厘米，边缘有整齐的圆锯齿②；花小而密集，组成多数圆柱形的穗状花序③，生于茎顶①，有小苞片；花无花瓣，萼片4，花瓣状，红色至紫红色，基部具毛；雄蕊4，与萼片近等长；花柱比雄蕊短③；瘦果褐色，包藏在宿萼内。

产于全省各山区，常见。生于山坡、沟谷。

相似种：细叶地榆【*Sanguisorba tenuifolia*，蔷薇科 地榆属】小叶条状披针形④；穗状花序长圆柱形；萼片4，花瓣状，粉红色至红色；雄蕊4，比萼片长0.5至1倍⑤。产崂山、胶南；生沟谷林缘。

地榆的小叶较宽，雄蕊与萼片近等长，花色较深；细叶地榆的小叶较窄，雄蕊明显比萼片长，花色稍淡。

金线草 蓼科 金线草属

Antenoron filiforme

Long-hair Antenoron ┃ jīnxiàncǎo

多年生草本；茎直立，有分枝；叶椭圆形或倒卵形②，长7～15厘米，宽4～9厘米，顶端长渐尖，基部楔形，两面均被糙伏毛，有短柄；托叶鞘筒状，膜质，外面有糙伏毛③；花序穗状②，顶生或腋生，细长，不分枝，花排列稀疏①；花被4深裂，红色，在果时裂片稍增大，宿存；雄蕊通常5；花柱2，宿存，顶端弯曲成钩状①；瘦果卵形，两面凸起，暗褐色，有光泽。

产于胶东山区。生于林下、水边、湿润处。

金线草有托叶鞘(蓼科植物共有的特征)，花序狭长穗状，红色，花柱2，顶端钩状。

独行菜 辣辣 葶苈 十字花科 独行菜属
Lepidium apetalum
Apetalous Pepperweed | dúxíngcài

一或二年生草本，茎直立，自基部分枝，无毛或具微小头状毛；基生叶窄匙形，1回羽状浅裂或深裂，长3～5厘米，宽1～1.5厘米；叶柄长1～2厘米；茎上部叶条形，有疏齿或全缘①；总状花序在果期可延长至5厘米；萼片4，早落，卵形，长约0.8毫米，外面有柔毛；花瓣退化；雄蕊2(①右上)；短角果近圆形或宽椭圆形①，扁平，长2～3毫米，宽约2毫米，顶端微缺，上部有短翅；种子椭圆形，长约1毫米，平滑，棕红色。

产于全省各地，为常见杂草。生于路旁、田边、草丛中。

独行菜的基生叶羽状浅裂，茎上部叶仅有疏齿；花绿色，无花瓣，雄蕊2；短角果圆形，上部有翅。

四叶葎 茜草科 拉拉藤属
Galium bungei
Bunge's Bedstraw | sìyèlǜ

多年生草本；叶4片轮生①，近无柄，卵状矩圆形至披针状长圆形①，长0.8～2.5厘米，顶端稍钝，中脉和边缘有刺状硬毛；聚伞花序顶生和腋生，稍疏散；花小，白绿色(①右上)，有短梗，4数；果爿近球状，径1～2毫米，通常双生。

产于全省各山区。生于山地林缘、林下。

相似种：拉拉藤【*Galium aparine* var. *echinospermum*，茜草科 拉拉藤属】蔓生草本，茎有倒生刺毛；叶常6片轮生③；花黄绿色；果密被钩毛②，果梗直。产鲁中南及胶东山区，平原地区也有；生路旁、水边。麦仁珠【*Galium tricorne*，茜草科 拉拉藤属】果被小瘤状凸起，果梗弓形下弯④⑤。产地同上，较少见；生境同上。

四叶葎叶4片轮生，茎无刺毛，其余二者常6片轮生，茎有倒生刺毛；拉拉藤果密被钩毛，果梗直；麦仁珠果被小瘤状凸起，果梗下弯。

垂序商陆　美国商陆　商陆科 商陆属

Phytolacca americana

American Pokeweed　｜　chuíxùshānglù

　　多年生草本，根粗壮，肥大，倒圆锥形；茎直立，圆柱形，常带紫红色；叶片椭圆状卵形或卵状披针形①，长9～18厘米，宽5～10厘米，叶柄长1～4厘米；总状花序顶生或侧生，长5～20厘米；花白色②，花被片5，雄蕊、心皮及花柱均为10，心皮合生③；果序下垂；浆果扁球形，熟时紫黑色③；种子圆肾形，径约3毫米。

　　原产美洲，全省各地有逸生。生于山地路旁、房前屋后。

　　相似种：商陆【*Phytolacca acinosa*，商陆科 商陆属】叶卵状椭圆形；总状花序顶生，直立⑤；花白色，雄蕊、心皮均为8；心皮分离④，熟时紫黑色。全省各山区有少量分布；生山地林缘。

　　垂序商陆心皮10，合生，果序下垂；商陆心皮8，离生，果序直立。

华北百蕊草　檀香科 百蕊草属

Thesium cathaicum

Cathayan Thesium　｜　huáběibǎiruǐcǎo

　　多年生半寄生草本，根状茎纤细，短小；茎多分枝，具纵棱；叶狭条形①，长2～2.5厘米，宽约1毫米，全缘，具不明显的单脉，无柄；总状花序生于枝端；花排列疏松，苞片绿色，条形，长8～15毫米，小苞片2枚，长4～5毫米；花梗纤细，开展①，长5～10毫米；花被绿白色，长漏斗状，长5～8毫米，4数或5数②；宿存花被呈高脚杯状，比果长①③。

　　产于全省各山区。生于山地灌草丛中。

　　相似种：百蕊草【*Thesium chinense*，檀香科 百蕊草属】花小，绿白色，花梗极短或无花梗；花5数④；宿存花被近球状，比果短⑤。产地同上，比上种少见；生境同上。

　　华北百蕊草花4数或5数，有明显花梗，宿存花被比果长；百蕊草花5数，花梗极短或无花梗，宿存花被比果短。

龙须菜 雉隐天冬　百合科 天门冬属
Asparagus schoberioides
Seepweed-like Asparagus ｜ lóngxūcài

多年生草本，根稍肉质，茎上部与分枝具纵棱，有时具极狭的翅；叶退化成鳞片状，基部无刺；叶状枝通常每3～4枚成簇，条形扁平，镰刀状①，明显具中脉，有背腹之分，有长1～4厘米，宽0.7～1毫米；花2～4朵腋生，单性，雄雌异株，无梗或具短梗②，花被片6，黄绿色②；花梗极短，长约0.5～1毫米；浆果球形（①右上），直径约6毫米，成熟时红色，通常具1～2颗种子。

产于鲁中南及胶东山区。生于林下、湿润处。

相似种：南玉带【*Asparagus oligoclonos*，百合科天门冬属】叶状枝通常每5～12枚成簇，扁圆柱形；花有长梗，单性，雌雄异株，花被片黄绿色③；浆果球形④。产鲁中南及胶东山区；生山地林缘、灌草丛中。

龙须菜的叶状枝条形扁平，镰刀状，花近无梗；南玉带的叶状枝扁圆柱形，花有长梗。

1 2 3 4 5 6 7 8 9 10 11 12

长花天门冬　百合科 天门冬属
Asparagus longiflorus
Long-flower Asparagus ｜ chánghuātiānméndōng

多年生草本，根较细，粗约3毫米，茎直立，分枝平展或斜升；叶退化成鳞片状；叶状枝每4～12枚成簇①，近扁圆柱形，长6～15毫米，通常有软骨质齿；花通常2朵腋生，花被片6，绿色带淡紫色（①右下）；花梗长6～12毫米；雄花花被片长6～7毫米，雌花较小，花被片长约3毫米；浆果球形②，直径7～10毫米，成熟时红色。

产于鲁中南及胶东山区。生于山坡灌草丛中。

相似种：攀缘天门冬【*Asparagus brachyphyllus*，百合科 天门冬属】茎攀缘④；叶状枝每4～10枚成簇，扁圆柱形；花被绿色带紫褐色③；浆果熟时红色④。产胶东沿海地区；生海滨沙滩或石质山坡。

长花天门冬茎直立，叶状枝较细长，生于内陆；攀缘天门冬茎攀缘，叶状枝粗短，生于海边。

1 2 3 4 5 6 7 8 9 10 11 12

大叶苎麻

野线麻 野苎麻　荨麻科 苎麻属

Boehmeria japonica

Japanese False Nettle　| dàyèzhùmá

多年生草本；茎高大，生白色短伏毛；叶对生，叶片厚纸质，宽卵形或近圆形①，长7～16.5厘米，宽5～12.5厘米，先端长渐尖或不明显三骤尖，基部圆形或近截形，边缘生粗牙齿①，上部的常为重锯齿，上面粗糙，生短糙伏毛，下面沿脉网生短柔毛；叶柄长3～8厘米；穗状花序单生叶腋②，雌雄异株；雄花序长约3厘米，雌花序长达20厘米；瘦果倒卵球形，光滑。

产于鲁中南及胶东山区。生于林缘、林下、湿润处。

相似种：小赤麻【*Boehmeria spicata*，荨麻科苎麻属】叶草质，宽卵形或卵状菱形③，先端长渐尖，边缘生粗牙齿；穗状花序单生叶腋③，雌雄异株或同株。产胶东山区；生境同上。

大叶苎麻叶厚纸质，较大；小赤麻叶草质，较小，边缘牙齿较少。

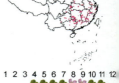

透茎冷水花

荨麻科 冷水花属

Pilea pumila

Canadian Clearweed　| tòujīnglěngshuǐhuā

一年生草本，茎肉质；叶对生，叶片菱状卵形或宽卵形①，长1～8.5厘米，宽0.8～5厘米，先端渐尖、短渐尖或微钝，基部宽楔形，边缘在基部之上密生牙齿①，基生脉3条；叶柄长0.5～3.3厘米；雌雄同株；花序长0.5～5厘米，多分枝②；雄花花被片通常2，倒卵状；雌花花被片3，狭披针形，长达2毫米，柱头画笔长状；瘦果卵形，扁，长约1.5毫米，光滑。

产于鲁中南及胶东山区。生于沟谷林下、水边、湿润处。

相似种：墙草【*Parietaria micrantha*，荨麻科墙草属】茎肉质，细弱，多分枝；叶互生，卵形③④，全缘；花杂性，1至数朵生于叶腋④。产泰山及胶东山区；生阴湿的草丛、石缝、墙缝中。

透茎冷水花叶对生，叶缘有锯齿；墙草叶互生，全缘。

藜　灰菜 灰灰菜　藜科 藜属

Chenopodium album

Lamb's Quarters ｜ lí

一年生草本；茎有绿色或紫红色的条纹，多分枝；叶有长柄，叶片菱状卵形至披针形①，长3～6厘米，宽2.5～5厘米，边缘有不整齐的锯齿①，下面生粉粒，灰绿色；花序穗状，排成腋生或顶生的圆锥花序①；花被片5，肥厚，雄蕊5，柱头2；胞果包于花被内；种子横生；全株可作野菜食用。

产于全省各地。生于房前屋后、路旁、田边、草丛中。

相似种：小藜【Chenopodium ficifolium**，藜科藜属】**叶长卵形，边缘有波状牙齿，基部有2裂片②；花序穗状②③。产地同上；生境同上。**灰绿藜【**Chenopodium glaucum**，藜科 藜属】**叶矩圆形④，厚肉质，边缘有波状牙齿，下面灰白色；花序穗状⑤。产地同上；生水边、盐碱地。

灰绿藜叶较厚，植株矮小，其余二者植株较高大；藜叶较宽，叶缘有不规则锯齿，花期夏秋；小藜叶较窄，基部有2个裂片，花期春夏。

中亚滨藜　藜科 滨藜属

Atriplex centralasiatica

Central Asia Saltbush ｜ zhōngyàbīnlí

一年生草本，多分枝；叶互生，通常有短叶柄，叶片菱状卵形至近戟形①，长1.5～5厘米，宽1～3厘米，边缘通常有少数缺刻状锯齿，上面绿色，稍有粉粒，下面苍白色，密生粉粒；花多数，集为团伞状，生叶腋①，单性；雄花花被片5，雄蕊3～5；雌花无花被，有2个近半圆形至钟形合生的苞片；苞片果期膨大，包围果实，通常背部密生疣状突起②，上部边缘草质，有牙齿。

产于鲁西北及胶东沿海地区。生于海滨沙滩、盐碱地上。

相似种：滨藜【Atriplex patens**，藜科 滨藜属】**叶披针形至条形③；花序穗状，单性同株；果期苞片为三角状菱形④，上半部边缘常有齿，下半部全缘。产地同上；生境同上。

中亚滨藜的叶为菱状卵形，果期苞片半圆形至钟形；滨藜的叶为条形，果期苞片菱形。

猪毛菜 藜科 猪毛菜属

Salsola collina

Slender Russian Thistle | zhūmáocài

一年生草本；枝淡绿色，生稀疏的短糙硬毛或无毛；叶丝状圆柱形，肉质，生短糙硬毛，长2～5厘米，宽0.5～1毫米，先端有硬针刺；花序穗状①，生枝条上部；苞片宽卵形，先端有硬针刺①；小苞片2，狭披针形，比花被长；花被片5，膜质，披针形，长约2毫米，披针形，结果后背部有革质突起（①右下），内部紧贴果实；胞果倒卵形；全株幼嫩时可作野菜食用。

产于全省各地，为常见杂草。生于田边、路旁、草丛中。

相似种：**刺沙蓬【*Salsola tragus*，藜科 猪毛菜属】** 茎自基部分枝②；叶半圆柱形；苞片长卵形，顶端有刺尖；花被片膜质，果时变硬，自背面中部生翅③。产胶东沿海地区；生海滨沙滩。

猪毛菜的花被片果期不生翅；刺沙蓬的花被片果期生翅。

地肤 藜科 地肤属

Kochia scoparia

Burningbush | dìfū

一年生草本；茎直立，多分枝，分枝斜上，淡绿色或浅红色，生短柔毛；叶互生，披针形或条状披针形①，长2～5厘米，宽3～7毫米，两面生短柔毛，通常有3条明显的主脉，边缘有疏生的绢状缘毛；花两性或雌性，通常1～3个生于上部叶腋，构成稀疏的穗状花序①，再集成大的圆锥花序，花下有时有锈色长柔毛；花被片5，基部合生，果期自背部生三角状横突起或翅②；雄蕊5，花丝丝状，花药淡黄色；花柱极短，柱头2，条形；胞果扁球形，包于花被内，果皮膜质；种子卵形，黑褐色，横生，扁平。

产于全省各平原地区，山区也有，为常见杂草。生于田边、路旁、草丛中。

地肤的叶条状披针形，穗状花序在茎顶组成圆锥花序，花绿色，花被片在果期生翅。

碱蓬　藜科 碱蓬属

Suaeda glauca

Glaucous Seepweed ｜ jiǎnpéng

一年生草本；茎直立，浅绿色，上部多分枝；叶丝状条形，半圆柱形或略扁平，灰绿色①，长1.5～5厘米，宽1.5毫米，茎上部的叶渐变短；花两性，单生或几朵簇生叶腋，有短柄，总花梗与叶柄合生成短枝状（①左上），形似花序着生于叶柄上；花被片5，矩圆形，果期花被增厚呈五角星状①；雄蕊5，柱头2；胞果扁平；种子近圆形，有颗粒状点纹，径约2毫米，黑色。

产于鲁西北及胶东沿海地区。生于盐碱地上。

相似种：盐地碱蓬【*Suaeda salsa*，藜科 碱蓬属】 植株绿色或紫红色；叶条形，半圆柱状②；花生叶腋（②右上）；花被片果时背面稍增厚。产地同上；生境同上。

碱蓬的总花梗与叶柄合生，形似花生于叶柄上，花被果期增厚呈五角状；盐地碱蓬的总花梗不与叶柄合生，花被果期稍增厚。

齿果酸模　蓼科 酸模属

Rumex dentatus

Toothed Dock ｜ chǐguǒsuānmó

多年生草本；叶有长柄，叶片矩圆形或宽披针形，长4～8厘米，宽1.5～2.5厘米，顶端圆钝，基部圆形，托叶鞘膜质，筒状；花序顶生，花两性，黄绿色；花被片6，成2轮，在果时内轮花被片增大，长卵形，边缘有不整齐的针刺状齿①。

产于全省各地，常见。生于田边、路旁、水边、草丛中。

相似种：巴天酸模【*Rumex patientia*，蓼科 酸模属】 高大草本；叶矩圆状披针形；大型圆锥花序②；果时内轮花被片增大，全缘③。产于全省各山区；生山地、湿润处。**酸模【*Rumex acetosa*，蓼科 酸模属】** 叶矩圆形，基部箭形④；圆锥花序⑤，单性，雌雄异株；内轮花被片全缘。产地同上；生境同上。

齿果酸模内轮花被片边缘有针刺状齿，其余二者内轮花被片全缘；酸模叶基部箭形，花单性，雌雄异株，其余二者叶基部圆形，花两性。

绿穗苋 人青 人行菜 苋科 苋属

Amaranthus hybridus

Slim Amaranth | lǜsuìxiàn

一年生草本；茎有开展柔毛；叶片菱状卵形①，长4～10厘米，宽1.5～4.5厘米，顶端急尖或微凹，边缘波状或有不明显锯齿，两面疏生柔毛；圆锥花序顶生，分枝穗状，细长，上端稍弯曲①；苞片及小苞片钻状披针形，长3.5～4毫米，中脉坚硬，绿色②，向前伸出成尖芒；花被片绿色，矩圆状披针形，顶端锐尖，具凸尖；胞果卵形，长2毫米；种子近球形，径约1毫米，黑色。

主产于全省各平原地区，山区也有分布。生于房前屋后、路旁、田边、草丛中。

相似种：反枝苋【 *Amaranthus retroflexus* **，苋科苋属】** 叶菱状卵形或椭圆形，两面和边缘有柔毛；花集成顶生的圆锥花序④，绿白色③。分布同上；生境同上。

绿穗苋花序分枝细长弯曲，花绿色；反枝苋花序紧凑，花绿白色；二者在山东均为常见野菜。

皱果苋 绿苋 苋科 苋属

Amaranthus viridis

Slender Amaranth | zhòuguǒxiàn

一年生草本，全体无毛；茎直立，少分枝；叶卵形至卵状矩圆形①②，长2～9厘米，宽2.5～6厘米，顶端微缺，具小芒尖，基部近截形；花单性或杂性，腋生或顶生穗状花序，顶生的再集成大型圆锥花序①②；苞片和小苞片干膜质，披针形；花被片3，膜质，矩圆形或倒披针形；雄蕊3；胞果扁球形，不裂，极皱缩，超出宿存花被片。

主产于全省各平原地区。生于田边、房前屋后、路旁、草丛中。

相似种：凹头苋【 *Amaranthus blitum* **，苋科苋属】** 茎平卧而上升；叶菱状卵形，顶端凹缺③；穗状花序腋生于枝端，再集成圆锥花序，花绿色④。分布同上；生境同上。

皱果苋花序分枝细长，常呈灰褐色，叶先端不凹或略凹；凹头苋花序分枝略粗壮，一般为绿色，叶先端明显有凹缺，故名"凹头苋"。

合被苋　泰山苋　苋科 苋属

Amaranthus polygonoides

Tropical Amaranth　│ hébèixiàn

一年生草本；茎直立或斜升，通常多分枝，淡绿色；上部叶较密集，叶片菱状卵形或椭圆形①②，长0.5～3厘米，宽0.3～1.5厘米，先端微凹，全缘或微皱波状，两面无毛，上面绿色，中央常有一横的白色斑带①②，下面绿白色；花腋生，单性，雌、雄花混生，集成花簇①③；雌花花被片于果期增大，下部合生呈筒状；胞果长圆形；本种过去被误定为泰山苋 *A. taishanensis*。

原产美洲，于20世纪70年代归化，现在已扩散至全省各平原地区。生于房前屋后、田边、路旁、荒地、草丛中。

相似种：北美苋【*Amaranthus blitoides*，苋科苋属】叶倒披针形④，长5～25毫米，边缘有一圈白边④；花淡绿色，生于叶腋⑤。原产北美，济南、青岛、泰安、曲阜、兖州等地有逸生；生境同上。

合被苋的叶中央有一白色斑带；北美苋的叶边缘有一圈白边。

1 2 3 4 5 6 7 8 9 10 11 12

牛膝　苋科 牛膝属

Achyranthes bidentata

Ox-knee　│ niúxī

多年生草本，根圆柱形；茎有棱角，几无毛，节部膝状膨大；叶对生①，卵形至椭圆形，长4.5～12厘米，两面有柔毛；叶柄长0.5～3厘米；穗状花序①，花后总花梗伸长，向下反折而贴近总花梗（①右上）；苞片宽卵形，顶端渐尖，小苞片贴生于萼片基部，刺状，基部有卵形小裂片；花被片5，绿色；雄蕊5，基部合生；胞果矩圆形。

产于鲁中南及胶东山区。生于林下、湿润处。

相似种：小花山桃草【*Gaura parviflora*，柳叶菜科 山桃草属】全株密被伸展灰白色长毛与腺毛；基生叶宽倒披针形（②左上）；茎生叶渐小，互生②；花序穗状；萼片4，绿色，花瓣白绿色或带粉色（②右下），早落；蒴果纺锤形。原产美洲，全省铁路沿线各地有逸生，尤以济南为多；生田边、路旁、草丛中。

牛膝叶对生，果实反折而贴近花序梗；小花山桃草植株密被毛，叶互生，果实直立。

1 2 3 4 5 6 7 8 9 10 11 12

车前　车前科 车前属

Plantago asiatica

Chinese Plantain ｜ chēqián

二年或多年生草本，须根系；叶基生，卵形或宽卵形①②，长3～10厘米，宽2.5～6厘米，顶端圆钝，边缘波状或有不整齐锯齿，两面有短或长柔毛；叶柄长3～9厘米；花葶数条，近直立，长8～20厘米；穗状花序粗①②，长4～9厘米，花密生；苞片卵形；花冠裂片椭圆形或卵形，长1毫米；蒴果圆锥状，长3～4毫米，周裂；种子6～10，矩圆形。

产于全省各地，为常见杂草。生于路旁、田边、草丛中。

相似种：大车前【*Plantago major*，车前科 车前属】叶基生，宽卵形③，边缘近全缘、波状或有疏钝齿；花葶数个，细长③④⑤，直立，长20～45厘米。产地同上；生田边、水边、湿润处。

二者均为须根系；车前植株较矮，叶较小，穗状花序粗短；大车前植株高大，叶较大，穗状花序细长。

平车前　车前科 车前属

Plantago depressa

Depressed Plantain ｜ píngchēqián

一或二年生草本，直根系；叶基生，直立或平铺，椭圆形或卵状披针形①，长4～10厘米，宽1～3厘米，边缘有远离小齿或不整齐锯齿，有柔毛或无毛，纵脉5～7条；叶柄长1.5～3厘米；花葶数条，弧曲，长4～17厘米；穗状花序②，顶端花密生，下部花较疏；苞片三角状卵形；雄蕊稍超出花冠；蒴果圆锥状，长3毫米，周裂；种子矩圆形。

产于全省各平原地区及山区，为常见杂草。生于山地路旁、水边、湿润处。

相似种：长叶车前【*Plantago lanceolata*，车前科 车前属】叶基生，叶片条状披针形③⑤，叶柄细长；穗状花序短圆柱状④，长1～5厘米；花密生。产青岛、烟台等地；生路旁、荒地。

二者均为直根系；平车前叶较宽，穗状花序狭长；长叶车前叶较窄长，穗状花序粗短。

半夏 半月莲 老鸦芋头 天南星科 半夏属

Pinellia ternata

Crowdipper | bànxià

多年生草本，有球形块茎，径1～1.5厘米；叶基生，一年生者为单叶，心状箭形至椭圆状箭形，二至三年生者为3小叶复叶①，小叶卵状椭圆形至倒卵状矩圆形，稀披针形，长5～12厘米；叶柄长可达25厘米，下部有1珠芽；花葶高10～30厘米；佛焰花序，总苞片淡绿色，全长5～7厘米；花序下部为雌花，上部为雄花（②左），顶端附属体细长，长6～10厘米；浆果卵形（②右）。

产于全省各山区，平原地区也有。生于林缘、林下、湿润处。

相似种：虎掌【*Pinellia pedatisecta*，天南星科半夏属】叶基生，一年生者心形，二至三年生者鸟足状全裂③，裂片5～11；花序下部为雌花，上部为雄花（③左上）。产该省各山区；生境同上。

半夏的二至三年生叶为3小叶复叶；虎掌的二至三年生叶鸟足状分裂，裂片5～11。

东北南星 天南星科 天南星属

Arisaema amurense

Amur Arisaema | dōngběinánxīng

多年生草本，块茎扁球形，直径达3厘米；叶1枚；鸟足状分裂①，小叶5，卵形至宽倒卵形①，长7～12厘米，边全缘或有锯齿；叶柄长10～20厘米；佛焰花序，单性，雌雄异株；总花梗短于叶柄，佛焰苞绿色，有白色条纹（②左），全长8～11厘米，下部筒长4～6厘米；花着生于花序下部，附属体棍棒状，有柄（②右）；浆果熟时红色③。

产于鲁中南及胶东山区。生于林缘、林下、湿润处。

相似种：菖蒲【*Acorus calamus*，天南星科菖蒲属】挺水草本；叶剑形④，具明显突起的中脉，基部叶鞘套叠；佛焰苞叶状；花序圆柱形⑤。产全省各地；生池塘、湖泊中。

东北南星叶鸟足状分裂，佛焰苞漏斗状，生于山区；菖蒲叶剑形，佛焰苞与叶同形，生于水中。

草本植物 花绿色 小而多 组成头状花序

石胡荽 球子草 鹅不食草 菊科 石胡荽属

Centipeda minima

Spreading Sneezeweed │ shíhúsuī

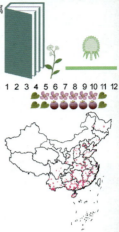

一年生小草本；茎铺散，多分枝；叶互生，长0.7～1.8厘米，楔状倒披针形，顶端钝，边缘有不规则的粗齿①，无毛或仅背面有微毛；头状花序小，扁球形，单生于叶腋，无总花梗；总苞半球形，总苞片2层，椭圆状披针形，绿色，边缘膜质，外层较内层大；花杂性，黄绿色①，全部为管状；外围的雌花多层，花冠细，有不明显裂片；中央的两性花，花冠明显4裂；瘦果椭圆形，长1毫米，具4棱，边缘有长毛，无冠毛。

产于全省各地。生于路旁、湿润处，或为温室中的杂草。

石胡荽为矮小草本，茎铺散；头状花序小，单生叶腋，花黄绿色。

小蓬草 小白酒草 小飞蓬 菊科 白酒草属

Conyza canadensis

Canadian Horseweed │ xiǎopéngcǎo

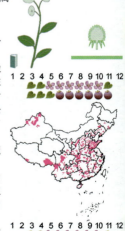

一年生草本；茎有细条纹及粗糙毛，上部多分枝；叶互生，条状披针形（①左），长6～10厘米，宽1～1.5厘米，基部狭，无明显叶柄，顶端尖，边缘有微锯齿和长睫毛；头状花序多数，有短梗，在茎端密集成圆锥状（①右）；总苞半球形；总苞片2～3层，条状披针形，边缘膜质；舌状花雌性，条形至披针形，舌片不明显；管状花两性，5齿裂；瘦果矩圆形，冠毛污白色②，刚毛状。

原产美洲，全省各地均有逸生。生于房前屋后、路旁、田边、草丛中。

相似种：香丝草【*Conyza bonariensis*，菊科 白酒草属】茎密被细软毛；叶狭披针形，边缘具粗齿；头状花序在枝端排成总状③；总苞片被覆灰白色短糙毛。产地同上；生境同上。

小蓬草的植株高大，头状花序小而密集，径约3毫米；香丝草的植株较矮，头状花序大而松散，径约1厘米。

烟管头草　烟袋管花 烟袋草　菊科 天名精属

Carpesium cernuum

Drooping Carpesium　|　yānguǎntóucǎo

多年生草本，茎直立，多分枝③，被白色长柔毛，上部毛较密；基生叶匙状矩圆形①，长9～20厘米，宽4～6厘米，基部楔状收缩成具翅的叶柄，边缘有不规则的锯齿，两面有白色长柔毛和腺点；下部叶与基生叶类似，中部叶向上渐小，矩圆形或矩圆状披针形，叶柄短；头状花序在茎和枝顶端单生，直径15～18毫米，下垂②；基部有数个条状披针形不等长的苞片；总苞杯状，长7～8毫米；总苞片4层，外层卵状矩圆形，有长柔毛，中层和内层干膜质，矩圆形，钝，无毛；花黄绿色④；瘦果条形，长约5毫米，有细纵条，顶端有短喙和腺点。

产于全省各山区。生于林缘、林下。

烟管状草的头状花序生枝端，下垂，基部有数个不等长的苞片；头状花序形似烟斗，故名"烟管头草"。

黄花蒿　黄蒿 臭蒿　菊科 蒿属

Artemisia annua

Sweet Wormwood　|　huánghuāhāo

一年生草本，植株有浓烈的香味；基部及下部叶在花期枯萎，中部叶卵形，3回羽状深裂②，长4～7厘米，宽1.5～3厘米，小裂片矩圆形，开展，顶端尖，两面微被毛；上部叶更小；头状花序极多数，球形，有短梗，排列成复总状或总状③，常有条形苞叶；总苞球形①；花管状，长不及1毫米，外层雌性，内层两性；瘦果矩圆形，无毛。

主产于全省各平原地区，山区也有，为常见杂草。生于房前屋后、路旁、田边、草丛中。

相似种：白莲蒿【*Artemisia sacrorum***，菊科 蒿属】**半灌木；叶2至3回羽裂⑥，背面灰白色，密被柔毛；头状花序排成圆锥状④；总苞球形⑤，花管状。产全省各山区；生山地林缘、灌草丛中。

黄花蒿有浓烈的香味，叶背面绿色，头状花序小，径不及2毫米；白莲蒿仅有普通的蒿味，叶背面灰白色，密被毛，头状花序径3毫米以上。

蒙古蒿　菊科 蒿属
Artemisia mongolica

Mongolian Wormwood　| měnggǔhāo

　　多年生草本；叶形变异极大②，羽状深裂，侧裂片通常2对，常羽状浅裂或不裂，上面近无毛，下面除中脉外被白色短绒毛；中部叶长6～10厘米，宽4～6厘米，上部叶渐小；头状花序多数密集成狭长的复总状花序（①左），直立；总苞矩圆形（①右），总苞片3～4层，被密或疏的绒毛（①右）；花管状，黄绿色。

　　产于全省各山区及平原地区，常见。生于山地林缘、路旁、水边、灌草丛中。

　　相似种：野艾蒿【*Artemisia lavandulifolia***，菊科蒿属】**叶质厚，2回羽状分裂③，裂片条状披针形；头状花序排列成圆锥状④，常下倾；总苞片背面密被毛⑤。产全省各山区；生山地林缘、灌草丛中。

　　蒙古蒿的叶质薄，分裂方式和裂片形状变异极大，头状花序直立，总苞片被毛或密或疏；野艾蒿的叶质厚，用手摸稍有肉质的感觉，叶整齐2回羽裂，头状花序下倾，总苞片白色，密被毛。

豚草　菊科 豚草属
Ambrosia artemisiifolia

Annual Ragweed　| túncǎo

　　一年生草本，茎被糙毛；下部叶对生，2回羽裂①，上部叶互生，羽裂，被短糙毛；头状花序单性，雌雄同株；雄头状花序具细短梗，排成总状花序②，花序梗长1～2毫米，下弯③；总苞碟形，直径约2～5毫米，无肋，具波状圆齿，稍被糙伏毛；雌头状花序无梗，生于雄头状花序下面或上部叶腋，单生或2～3个聚生④，各有一个无花被的雌花；花柱丝状，2深裂，伸出总苞的嘴外；瘦果倒卵形，长4～5毫米，顶端具尖嘴，近顶部具4～6尖刺；花粉可引起某些人过敏，是检疫植物。

　　原产美洲，主要在胶东地区逸生。生于山坡、水边、湿润处。

　　豚草的叶2回羽状分裂，头状花序单性，雄头状花序在枝端排成总状，雌头状花序生于叶腋，单生或2～3个聚生。

南牡蒿 菊科 蒿属

Artemisia eriopoda

Wooly-stalk Wormwood | nánmǔhāo

多年生草本；基生叶有长柄，全长5~13厘米，宽2~5厘米，羽状深裂或浅裂②，裂片5~7个，有时不裂，边缘有粗锯齿；茎上部叶三裂或不裂①；头状花序在枝端排成圆锥状花序③，有条形苞叶；总苞卵形③，总苞片3~4层，无毛；花黄绿色，外层雌性，能育，内层两性，不育；渤海滨南牡蒿*A. eriopoda* var. *maritima*和圆叶南牡蒿*A. eriopoda* var. *rotundifolia*区别仅在于基生叶和茎下部叶的不同，笔者认为这是南牡蒿的种内变异，不予承认。

产于全省各山区。生于山地林缘、石缝中。

相似种：茵陈蒿【Artemisia capillaris，菊科 蒿属】多年生草本或半灌木；叶2回羽状分裂，下部叶裂片较宽短，中上部叶裂片细，条形；头状花序极多数，在枝端排列成圆锥状。产全省各山区及平原地区；生山地路旁、田边、灌草丛中。

南牡蒿无蒿类气味，叶裂片条形；茵陈蒿有蒿类气味，叶裂片丝状。

苍耳 苍耳子 苍子棵 老苍子 菊科 苍耳属

Xanthium sibiricum

Siberian Cocklebur | cāng'ěr

一年生草本；叶三角状卵形或心形①②，长4~9厘米，宽5~10厘米，基出三脉，边缘浅裂①②，有不规则锯齿，两面被糙伏毛；叶柄长3~11厘米；花单性，雌雄同株；雄头状花序球形④，密生柔毛，小花黄绿色；雌头状花序椭圆形，含2朵雌花，内层总苞片结成囊状，成熟时总苞变坚硬，绿色、淡黄色或红褐色，外面疏生具钩的总苞刺③，苞刺长1~1.5毫米，喙长1.5~2.5毫米；瘦果2，倒卵形；苞刺可钩住动物皮毛来传播种子。

主产于全省各平原地区。生于路旁、草丛中、湿润处。

苍耳的叶三角状卵形，边缘浅裂；头状花序单性，雌性者含2朵雌花，总苞片外有钩刺，在果实成熟时变硬。

东亚唐松草　　毛茛科　唐松草属

Thalictrum minus* var. *hypoleucum

White-backed Small Meadow-rue ｜ dōngyàtángsōngcǎo

　　多年生草本；叶为3至4回三出复叶①，互生，叶片长达35厘米，小叶近圆形或宽倒卵形，长1.6～4厘米，宽1～4厘米，先端3浅裂，下面被白粉，脉隆起；花序圆锥状，长10～35厘米，具多数花；花无花瓣，萼片4，白绿色，狭卵形，长3～4毫米；雄蕊多数，下垂（①右下），花药狭矩圆形，花丝丝形；心皮2～4，柱头箭头形；瘦果长2～3毫米，卵球形，有纵肋（①左上）。

　　产于全省各山区。生于山地林缘。

　　相似种：唐松草【***Thalictrum aquilegiifolium* var. *sibiricum***，毛茛科　唐松草属】花无花瓣，萼片白绿色，雄蕊多数，花丝上部增粗，白色②，为花的显著部分；瘦果倒卵形，具3～4条纵翅③。主产胶东山区；生境同上。

　　东亚唐松草花丝丝形，下垂，果实有纵肋；唐松草花丝白色，上部增粗，果实有翅。

大麻　　火麻　　大麻科　大麻属

Cannabis sativa

Cannabis ｜ dàmá

　　一年生草本；茎直立，有纵沟，密生短柔毛，皮层富纤维；下部叶对生，上部叶互生，掌状全裂①，裂片3～11，披针形至条状披针形，上面有糙毛，下面密被灰白色毡毛，边缘具粗锯齿；叶柄长4～15厘米，被短毛；花单性，雌雄异株；雄花排列成长而疏散的圆锥花序，黄绿色，花被片5，雄蕊5，花丝细，下垂③；雌花簇生叶腋，绿色②，每朵花外具一卵形苞片，花被退化，膜质；瘦果扁卵形，为宿存的黄褐色苞片所包裹；以前广泛栽培作纤维植物，化纤出现后，逐渐被废弃。

　　产于全省各平原地区，山区少见。生于田边、路旁，或栽培。

　　大麻的叶掌状全裂，揉碎有特殊气味；花黄绿色，雌雄异株，雄花花被片和雄蕊各5，雌花花被退化。

萹蓄 猪牙草 扁竹 蓼科 蓼属

Polygonum aviculare

Prostrate Knotweed | biānxù

一年生草本，茎平卧或上升，自基部分枝；叶有短柄或近无柄，叶片椭圆形或披针形①，长1.5～3厘米，宽5～10毫米，顶端钝或急尖，基部楔形，全缘；托叶鞘膜质，下部褐色，上部白色透明，有不明显脉纹；花腋生，1～5朵簇生叶腋，花梗细短；花被5深裂①，绿色，边缘白色①或淡红色；雄蕊8；花柱3；瘦果卵形，有3棱，黑色。

产于全省各平原地区，山区也有。生于房前屋后、路旁、田边、草丛中。

相似种：习见蓼【*Polygonum plebeium*，蓼科 蓼属】一年生草本，茎平卧，自基部分枝；叶狭椭圆形或倒披针形②，长0.5～1.5厘米，宽1～3毫米；花3～6朵簇生于叶腋②；花被绿色，裂片边缘白色或淡红色。全省各地有零星分布；生境同上。

萹蓄的叶椭圆形或披针形，较宽，花稍大，径4～5毫米；习见蓼的叶狭椭圆形或倒披针形，宽不过3毫米，花小，径约2毫米。

草瑞香 栗麻 瑞香科 草瑞香属

Diarthron linifolium

Lilac Daphne | cǎoruìxiāng

一年生草本，茎直立，细瘦，上部分枝①；叶疏生，近于无柄，条形或条状披针形①，绿色，全缘，长8～20毫米，宽约1.5～2毫米；花小，成顶生总状花序③，花梗极短；花被筒状，长约4～5毫米，下端绿色，上端暗红色③，无毛，顶端4裂，裂片卵状椭圆形；雄蕊4，1轮，着生于花被筒中部以上，花丝极短，花药宽卵形；子房椭圆形，无毛，有子房柄，花柱极细，柱头略微膨大；果实卵形，黑色，有光泽，包于残存的花被筒中②。

产于鲁中南及胶东山区。生于山地灌草丛中。

草瑞香的茎细弱，上部分枝；叶对生，条形，全缘；花小，成顶生总状花序；花萼筒状，绿色，上部带红色，顶端4裂，无花瓣。

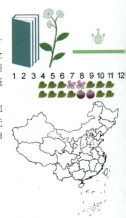

铁苋菜 海蚌含珠 血见愁 大戟科 铁苋菜属

Acalypha australis

Asian Copperleaf │ tiěxiàncài

一年生草本；叶互生，薄纸质，椭圆形至卵状菱形①，基出3脉，长2.5～8厘米，宽1.5～3.5厘米，两面被稀疏柔毛或无毛；花单性，雌雄同序，无花瓣；穗状花序腋生，苞片开展时肾形，长约1厘米，合时如蚌壳②，边缘有锯齿；雌花萼片3，子房3室，生于花序下端；雄花多数生于花序上端，花萼4裂，雄蕊8；蒴果钝三棱状②。

产于全省各地。生于田边、路旁、草丛中。

相似种：地构叶【*Speranskia tuberculata*，大戟科 地构叶属】叶披针形③，边缘有不规则的粗齿；总状花序顶生，下部为雌花，上部为雄花④；蒴果三角状扁球形，有疣状突起⑤。产全省各山区；生山地林缘、林下、灌草丛中。

铁苋菜的叶较宽，花序苞片状如蚌壳；地构叶的叶窄，果实有疣状突起。

乳浆大戟 猫眼草 乳浆草 大戟科 大戟属

Euphorbia esula

Leafy Spurge │ rǔjiāngdàjǐ

多年生草本，有白色乳汁；叶互生，条形①，长1.5～3厘米，营养枝上的叶密生，生花的茎上的叶疏生；总花序多放聚伞状，通常具5伞梗；苞片对生，宽心形①；小花序杯状，总苞顶端4裂；腺体4，新月形，两端呈短角状①；蒴果表面光滑。

产于全省各山区。生于山地林缘、路旁。

相似种：大戟【*Euphorbia pekinensis*，大戟科 大戟属】叶宽条形，中脉常显黄色③；蒴果表面具疣状突起②。产全省各山区；生山地灌草丛中。泽漆【*Euphorbia helioscopia*，大戟科 大戟属】叶倒卵形或匙形④，边缘有细锯齿；苞片与叶同形⑤；蒴果光滑。产全省各山区及平原地区，较少见；生路旁、田边。

乳浆大戟的叶条形，腺体新月形；大戟的叶宽条形，中脉黄色，果实有疣状突起；泽漆的叶匙形，边缘有锯齿。

地锦　地锦草　大戟科　大戟属

Euphorbia humifusa

Humifuse Sandmat　｜ dì jǐn

　　一年生草本，茎纤细，匍匐，近基部分枝，带紫红色，无毛①；叶通常对生，矩圆形①，长5～10毫米，宽4～6毫米，顶端钝圆，基部偏斜，边缘有细锯齿①，两面无毛或有时具疏毛；杯状花序单生于叶腋；总苞倒圆锥形，顶端4裂，裂片长三角形；腺体4，具白色花瓣状附属物①；蒴果三棱状球形①，无毛。

　　产于全省各地。生于房前屋后、路旁、田边、草丛中。

　　相似种：斑地锦【_Euphorbia maculata_，大戟科大戟属】茎匍匐，被白色疏柔毛②；叶长椭圆形，基部偏斜，边缘有细锯齿，中部常有一个长圆形的紫色斑点②。产地同上；生境同上。

　　地锦植株被毛不明显，叶中间无斑；斑地锦的茎、果实明显被毛，叶中间常有紫斑。

通奶草　大戟科　大戟属

Euphorbia hypericifolia

Graceful Sandmat　｜ tōng nǎi cǎo

　　一年生草本，茎直立，自基部分枝；叶对生，具短柄，倒卵形至狭矩圆形①，长1～2.5厘米，宽0.5～1厘米，边缘有细锯齿②，顶端圆钝，基部通常偏斜，两面被稀疏柔毛或无毛；杯状花序数个簇生叶腋或侧枝顶端②；总苞陀螺形，顶端4裂，腺体有白色花瓣状附属物②；蒴果略成三棱状，被贴伏的短柔毛。

　　产于全省各地，尤以河边为多。生于田边、路旁、湿润处。

　　相似种：蜜柑草【_Phyllanthus ussuriensis_，大戟科　叶下珠属】叶互生，排成2列，条形③，全缘，具短柄；花小，腋生；蒴果球形④，具细柄，下垂。主产胶东山区；生山地林缘。

　　通奶草的叶对生，边缘有细锯齿，杯状花序；蜜柑草的叶互生，排成2列，全缘，果实常单个生于叶腋。

黑三棱　黑三棱科 黑三棱属

Sparganium stoloniferum

Stoloniferous Bur-reed　│ hēisānléng

　　挺水草本，有根状茎；茎直立，上部有短或较长的分枝；叶条形①，基生叶和茎下部叶长达95厘米，宽达2.5厘米，基部变宽成鞘状，中脉明显，上部叶逐渐变小；雌花序1个生最下部分枝顶端或1～2个生于较上分枝的下部，球形②，直径7～10毫米；雌花密集；花被片3～4倒卵形，长2～3毫米，膜质；雌蕊长约8毫米，子房纺锤形，长约4毫米，花柱与子房近等长，柱头钻形；雄花序数个或多个生于分枝上部的顶端③，球形，直径达9毫米；雄花密集；花被片3～4，长约2毫米，膜质，有长柄；雄蕊3；聚合果球形④，直径约2厘米；果实近陀螺状，长约8毫米，顶部金字塔状。

　　产于全省各平原地区，数量较少。生于水边、池塘、湖泊中。

　　黑三棱为挺水草本，叶条形，花序球形，雄花序在分枝上部，排成穗状，雌花序在分枝下部。

穗状狐尾藻　泥茜　小二仙草科 狐尾藻属

Myriophyllum spicatum

Eurasian Watermilfoil　│ suìzhuànghúwěizǎo

　　沉水草本；茎圆柱形，长达1～2米，多分枝；叶通常每4～6片轮生，羽状深裂①，长2.5～3.5厘米，裂片长1～1.5厘米；穗状花序顶生或腋生，开花时挺出水面②；苞片矩圆形或卵形，全缘，小苞片近圆形，边缘具细齿；花单性，雌雄同株，常4朵轮生于花序轴上；雌花着生于花序下部②，雄花着生于花序上部；花萼小，4深裂，萼筒极短；花瓣4，近匙形，长约2毫米；雄蕊8；雌花无花瓣；果球形。

　　产于全省各平原地区。生于池塘、湖泊中。

　　相似种：**金鱼藻**【*Ceratophyllum demersum*，金鱼藻科 金鱼藻属】叶轮生，1至2回二歧分叉③，裂片条形，边缘有细齿；花腋生（④左上），单性同株；坚果生有3个长刺④。产地同上；生境同上。

　　穗状狐尾藻叶羽状分裂，花序穗状；金鱼藻的叶叉状分裂，花单生叶腋。

菹草 眼子菜科 眼子菜属

Potamogeton crispus

Curly Pondweed │ zūcǎo

　　沉水草本，茎多分枝；叶互生，宽披针形或条状披针形，叶长4～7厘米，宽5～10毫米，顶端钝或尖锐，基部近圆形，无柄，边缘强烈波状①②，有细锯齿；穗状花序在茎顶腋生，开花时伸出水面②，花序梗长2～5厘米，穗长12～20毫米，疏松少花，花被、雄蕊、子房均为4；小坚果宽卵形，长3毫米，背脊有齿，顶端有长2毫米的喙。

　　产于全省各地。生于池塘、湖泊中。

　　相似种：竹叶眼子菜【*Potamogeton wrightii*，眼子菜科 眼子菜属】叶条状矩圆形③④，边缘波状③④，叶柄长2～6厘米；穗状花序腋生茎端。产地同上；生境同上。

　　菹草的叶较小，无柄，边缘强烈波状，有明显的锯齿；竹叶眼子菜的叶较大，叶柄明显，边缘稍波状，锯齿不明显。

1 2 3 4 5 6 7 8 9 10 11 12

1 2 3 4 5 6 7 8 9 10 11 12

篦齿眼子菜 龙须眼子菜 眼子菜科 眼子菜属

Potamogeton pectinatus

Pectinate Pondweed │ bìchǐyǎnzǐcài

　　沉水草本；茎丝状，直径约1毫米，密生叉状分枝，节间长1～4厘米；叶丝状或狭条形①，长3～10厘米，宽0.5～1毫米，全缘，顶端尖，托叶鞘状，与叶片合生，抱茎；花序穗状②，长1.5～3厘米，开花时浮于水面②，花序梗长3～10厘米；小坚果斜倒卵形，长3～3.5毫米，有短喙。

　　产于全省各平原地区。生于池塘、湖泊中。

　　相似种：川蔓藻【*Ruppia maritima*，眼子菜科 川蔓藻属】茎多分枝；叶丝状③，托叶鞘状，抱茎；花序腋生，开花时伸出水面④；受粉后的子房柄伸长（④左上）；小坚果有短喙。产黄河三角洲及胶东沿海地区；生海边咸水中。

　　篦齿眼子菜开花时花序浮于水面，果实无柄，多生于淡水中，咸水中也有；川蔓藻开花时花序伸出水面，果实生于伸长的子房柄上，只生于海边咸水中。

1 2 3 4 5 6 7 8 9 10 11 12

1 2 3 4 5 6 7 8 9 10 11 12

黑藻　水鳖科 黑藻属

Hydrilla verticillata

Waterthyme　|　hēizǎo

沉水草本①；茎分枝，长达2米；叶通常6片轮生②，膜质，条形或条状矩圆形，长8～20毫米，宽1～2毫米，全缘或具小锯齿；花小、雌雄异株，雄花单生于叶腋的刺状苞片内，花被片6，成2轮，雄蕊3；雌花单生，由一个2齿的筒状苞片内伸出；外轮花被片6，内外轮不等大，子房下位，1室；花柱3；花粉浮于水面，靠水媒传粉③；果条形。

产于全省各地，常见。生于静水池塘、湖泊、水库中。

相似种：苦草【*Vallisneria natans*，水鳖科 苦草属】叶条形，长可达2米；雄花多数，极小，成熟时浮上水面；雌花有长梗，开花时浮于水面⑤；受精后花梗螺旋状卷曲④，将子房拖入水中。产鲁西平原地区；生静水中。

二者均为沉水草本，水媒传粉；苦草的叶基生，极长；黑藻的茎极长，叶小，轮生。

浮萍　浮萍科 浮萍属

Lemna minor

Common Duckweed　|　fúpíng

浮水小草本；植株为叶状体，常常几个聚在一起②，有根1条，长3～4厘米，纤细，根鞘无附属物，根冠椭圆；叶状体倒卵形或椭圆形②，长1.5～6毫米，两面平滑，绿色，不透明，具不明显的3脉纹；一般不开花，靠叶状体进行营养繁殖。

产于全省各地。生于静水池塘、湖泊中。

相似种：紫萍【*Spirodela polyrhiza*，浮萍科 紫萍属】叶状体扁平，倒卵状圆形③，长4～10毫米，背面紫色，有根数条③。产地同上；生境同上。芜萍【*Wolffia arrhiza*，浮萍科 芜萍属】叶状体微小④，长1.2～1.5毫米，无根。产地同上；生静水中，常常覆盖整个水面。

紫萍有根数条，浮萍有根1条，芜萍没有根；三者个体大小依次减小，常混生在一起①。

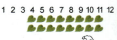

卷柏 还魂草　卷柏科 卷柏属

Selaginella tamariscina

Tamarisk-like Spikemoss ｜ juǎnbǎi

多年生草本；主茎直立，顶端丛生小枝①，冬季或干旱时内卷，状如拳头；营养叶二形，背腹各二列，交互着生（①左上），中叶稍斜向上，卵状矩圆形，先端急尖，有长芒；侧叶斜展，长卵圆形，亦有长芒；孢子囊穗生于枝顶，四棱形；孢子叶卵状三角形，呈四列交互排列，孢子囊圆肾形。

主产于胶东山区，鲁中南山区也有分布。生于岩石上或岩石缝中。

相似种：中华卷柏【*Selaginella sinensis*，卷柏科卷柏属】植株匍匐②，茎禾秆色；中叶稍向前，侧叶斜向上③。产全省各山区；生山地林缘、林下、灌丛下。**鹿角卷柏【*Selaginella rossii*，卷柏科 卷柏属】**植株匍匐，茎与根均为红色；侧叶成直角开展或稍斜向下④。产胶东山区；生山地林缘。

卷柏有直立粗壮的主茎，其余二者茎匍匐；中华卷柏的侧叶斜向上（即成锐角开展）；鹿角卷柏的侧叶成直角开展。

问荆 木贼科 木贼属

Equisetum arvense

Field Horsetail ｜ wènjīng

多年生草本，根状茎在地下横走；地上茎二型，孢子茎褐色③，于早春生出，肉质，淡褐色，顶端着生孢子囊穗，长椭圆形；孢子叶六角状盾形，下面生6～8个孢子囊；孢子茎枯萎后营养茎生出②，绿色①，有6～12条棱脊，叶退化为鳞片状，黑褐色；营养茎生有许多轮状分枝①，每轮7～11枚；分枝细长，有3～4棱脊，生于叶腋处。

产于全省各山区，平原地区也有少量分布。生于山沟、水边、湿润处。

相似种：节节草【*Equisetum ramosissimum*，木贼科 木贼属】地上茎一型，下部生有轮状分枝④，每轮2～5枚；孢子囊穗生于主茎或分枝顶端⑤，长圆形。产全省各平原地区；生沟边、水边、田间。

问荆的地上茎为二型，营养茎的分枝多而密；节节草的地上茎为一型，分枝少而稀疏，常着生在茎下部。

日本蹄盖蕨　华北蹄盖蕨　华东蹄盖蕨　蹄盖蕨科　蹄盖蕨属

Athyrium niponicum

Japanese Lady Fern ｜ rìběntígàijué

1 2 3 4 5 6 7 8 9 10 11 12

根状茎斜升，顶部有淡棕色狭披针形鳞片；叶柄长10～25厘米，禾秆色，基部以上有疏而较小的鳞片；叶片草质，矩圆状卵形①，长23～40厘米，中部宽10～25厘米，顶部急变狭，2至3回羽状①；羽片斜展，中部以下的长7～20厘米，宽2.5～6厘米；小羽片无柄或有短柄；孢子囊群生叶背面，长而弯曲，呈马蹄形②。

产于全省各山区。生于林下、沟谷、石缝中。

相似种：蕨【*Pteridium aquilinum* var. *latiusculum*，蕨科　蕨属】叶近革质，叶片阔三角形，3至4回羽状③；小羽片全缘或有波状圆齿；孢子囊群沿叶缘分布④；幼叶可食，民间称为"蕨菜"。产蒙山及胶东山区；生山地林缘、林下。

日本蹄盖蕨的孢子囊群为马蹄形，生叶背面；蕨的孢子囊群生叶背面边缘。

1 2 3 4 5 6 7 8 9 10 11 12

银粉背蕨　中国蕨科　粉背蕨属

Aleuritopteris argentea

Silvery Aleuritopteris ｜ yínfěnbèijué

1 2 3 4 5 6 7 8 9 10 11 12

根状茎直立或斜升，有红棕色边的亮黑色披针形鳞片；叶簇生，厚纸质，上面暗绿色，下面密布乳白色或乳黄色蜡质粉末②；叶柄栗棕色，有光泽，基部疏生鳞片；叶片五角形①，长宽各约5～12厘米，顶生羽片近菱形，基部裂片多少浅裂，侧生羽片三角形，裂片有小圆齿；孢子囊群近边生，圆形，生于叶脉顶端，成熟时汇合成条形。

产于全省各山区。生于石缝、墙缝中。

相似种：陕西粉背蕨【*Aleuritopteris shensiensis*，中国蕨科　粉背蕨属】叶柄栗红色，有光泽；叶五角形③，下面无蜡质粉末④；孢子囊群近边生。产地同上；生境同上。

银粉背蕨叶背面密布乳白色或乳黄色蜡质粉末；陕西粉背蕨叶背面绿色，无蜡质粉末。

1 2 3 4 5 6 7 8 9 10 11 12

北京铁角蕨

铁角蕨科 铁角蕨属

Asplenium pekinense

Beijing Spleewort | běijīngtiějiǎojué

根状茎短而直立，顶部密生披针形鳞片；叶簇生；叶柄淡绿色，疏生纤维状小鳞片；叶片披针形①，厚草质，长6～12厘米，中部宽2～3厘米，无毛，2回羽状①，小叶羽裂，羽轴和叶轴两侧都有狭翅，末回裂片顶端有2～3个尖牙齿，每齿有小脉1条；孢子囊群条形②，每裂片1枚，成熟时往往布满叶下面；囊群盖近矩圆形，全缘。

产于鲁中南山区。生于石缝中。

相似种：虎尾铁角蕨【*Asplenium incisum*，铁角蕨科 铁角蕨属】叶片阔披针形，薄草质，基部变狭，2回羽状③；中部羽片三角状披针形，下部羽片逐渐缩小成卵形③；孢子囊群条形④。产鲁中南及胶东山区；生境同上。

北京铁角蕨羽片的裂片较细，先端尖，下部羽片不缩成耳形；虎尾铁角蕨羽片的裂片先端钝，下部羽片渐缩成耳形。

过山蕨

铁角蕨科 过山蕨属

Camptosorus sibiricus

Siberian Walking Fern | guòshānjué

植株矮小，根状茎短而直立，顶部密生狭披针形黑褐色小鳞片；叶簇生，近二型，草质，两面无毛；不育叶较短，长约5厘米；能育叶的叶柄长1～5厘米，叶片披针形①，长10～15厘米，宽5～8毫米，顶部渐尖，并延伸成鞭状，着地生根即能生根，产生新植株；叶脉网状，孢子囊群条形②，生网脉的一侧或相对的两侧。

产于全省各山区。生于石缝中。

相似种：有柄石韦【*Pyrrosia petiolosa*，水龙骨科 石韦属】根状茎长而横走，密生鳞片；叶二型，厚草质，上面有排列整齐的小凹点③，下面密被灰棕色星状毛；能育叶的叶柄远长于叶片，孢子囊群成熟时布满其下④；不育叶其无毛。产鲁中南及胶东山区；生石缝中或贴石壁表面生长。

过山蕨的叶草质，孢子囊群条形，分散；有柄石韦的叶革质，孢子囊群布满叶背面。

长苞香蒲 香蒲科 香蒲属
Typha angustata

Narrow Cattail | chángbāoxiāngpú

挺水草本①，茎粗壮，具地下根茎；叶条形，长1~2米，宽6~15毫米，基部鞘状，抱茎；穗状花序圆柱状，粗壮，雌花序和雄花序分离②；雄花序在上，长20~30厘米，雄花具雄蕊3枚，毛长于花药；雌花序在下，长15~25厘米，雌花的小苞片与柱头近等长，柱头条状矩圆形，小苞片及柱头均比毛长；果序成熟时变棕色，长圆柱形③。

产于全省各平原地区及低山区。生于水边、池塘、湖泊中。

相似种：无苞香蒲【*Typha laxmannii***，香蒲科香蒲属】**茎较细弱；叶窄条形，长50~90厘米；雌雄花序分离④，雌花无小苞片；果序成熟时短圆柱形⑤。分布同上；生境同上。

长苞香蒲植株高大，果序成熟时长圆柱形；无苞香蒲植株较矮，果序成熟时短圆柱形。

1 2 3 4 5 6 7 8 9 10 11 12

灯心草 灯心草科 灯心草属
Juncus effusus

Common Rush | dēngxīncǎo

多年生草本，根状茎横走；茎簇生，内充满乳白色髓；叶片退化呈刺芒状；花序假侧生①，聚伞状，多花，总苞片似茎的延伸①，直立，长5~20厘米；花长2~2.5毫米，花被片6，条状披针形（①左上），外轮稍长，边缘膜质；雄蕊3，花药稍短于花丝；蒴果矩圆状，与花被等长或稍长。

主产于鲁中南及胶东山区，平原地区也有。生于水边、湿润处。

相似种：坚被灯心草【*Juncus tenuis***，灯心草科灯心草属】**植株柔弱；叶片扁平②，条形；花被片6先端尖，长于果实③。产西部平原及胶东山区；生境同上。**扁茎灯心草【***Juncus gracillimus***，灯心草科 灯心草属】**花序圆锥状④；花被片6，尖端钝，短于果实①。主产胶东山区；生境同上。

灯心草的叶退化，花序假侧生，其余二者有正常的叶；坚被灯心草的花被片尖，比果实长；扁茎灯心草的花被片钝，比果实短。

1 2 3 4 5 6 7 8 9 10 11 12

香附子 莎草 莎草科 莎草属

Cyperus rotundus

Nutgrass | xiāngfùzǐ

多年生草本；有匍匐根状茎和椭圆状块茎；秆散生，有三锐棱；叶基生，短于秆；苞片2~3，叶状，长于花序；长侧枝聚伞花序简单或复出，有3~6个辐射枝①；小穗条形，3~10个排成伞形花序；鳞片紧密，2列，中间绿色，两侧带紫红色②，有5~7脉；雄蕊3；柱头3；小坚果倒卵形。

产于全省各地，以平原地区为多。生于水边、路旁、湿润处。

相似种：球穗扁莎【*Pycreus flavidus*，莎草科 扁莎属】小穗条形，密集，极压扁；鳞片膜质，褐色③。分布同上；生水边。**红鳞扁莎**【*Pycreus sanguinolentus*，莎草科 扁莎属】小穗极压扁；鳞片卵形，中间黄绿色，边缘暗褐红色④。分布同上；生境同上。

香附子为多年生草本，有地下茎，小穗稍压扁，其余二者为一年生草本，小穗极压扁；球穗扁莎小穗褐色；红鳞扁莎小穗边缘红色。

具芒碎米莎草 小碎米莎草 莎草科 莎草属

Cyperus microiria

Awned Ricefield Flatsedge | jùmángsuìmǐsuōcǎo

一年生草本；秆丛生，扁三棱状；叶基生，短于秆，宽2~5毫米；苞片3~5，叶状，下部的较花序长；长侧枝聚伞花序复出①，辐射枝4~10，每枝有5~10个穗状花序；穗状花序矩圆卵形，长1~4厘米，有5~22个小穗；小穗直立①，矩圆形，压扁，有6~22朵花；小穗轴近无翅；雄蕊3，花丝着生于环形的胼胝体上；鳞片顶端有干膜质边缘，有突出的短芒尖②；柱头3；小坚果倒卵形或椭圆形，有三棱，与鳞片等长，褐色，密生突起细点。

产于全省各地，以平原地区居多，为常见杂草。生于水边、路旁、湿润处。

相似种：碎米莎草【*Cyperus iria*，莎草科 莎草属】长侧枝聚伞花序复出，辐射枝4~9，小穗微下垂③；小穗矩圆形，鳞片先端无芒尖④。产地同上，比上种少见；生水边、湿润处。

具芒碎米莎草的小穗直立，鳞片先端有芒尖；碎米莎草的小穗微下垂，鳞片先端无芒尖。

头状穗莎草　　球穗莎草　莎草科 莎草属
Cyperus glomeratus
Glomerate Flatsedge | tóuzhuàngsuì suōcǎo

　　多年生高大草本；秆粗壮，有三钝棱；叶短于秆，宽4～8毫米；苞片3～4枚，叶状，长于花序；长侧枝聚伞花序复出①，有3～8个长短不等的辐射枝，最长达12厘米；小穗极多数②，条形，稍扁，长5～10毫米，聚成头状的穗状花序②；鳞片排列疏松，棕红色；小坚果矩圆形，有三棱。

　　产于全省各地。生于水边、湿润处。

　　相似种：异型莎草【*Cyperus difformis*，莎草科莎草属】长侧枝聚伞花序简单；小穗多数，密集成头状③。产地同上；生境同上。**褐穗莎草【*Cyperus fuscus*，莎草科 莎草属】**长侧枝聚伞花序复出；小穗5～10个，不成头状④。产地同上；生境同上。

　　头状穗莎草为多年生高大草本，常高达1米以上，小穗极多数，密集成头状，其余二者为一年生矮小草本，常低于30厘米；异型莎草小穗多数，密集成头状；褐穗莎草小穗少数，不成头状。

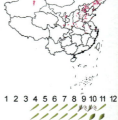

翼果薹草　　莎草科 薹草属
Carex neurocarpa
Wing-fruit Sedge | yìguǒtáicǎo

　　多年生草本，根状茎丛生，秆扁三棱形；叶长于或短于秆，宽2～3毫米；穗状花序呈尖塔状圆柱形①，长3～8厘米，宽1～1.5厘米；小穗多数，紧密，卵形；上部为雄花，下部为雌花，鳞片卵形，长约2毫米，中间黄白色，两侧淡锈色，顶端具芒尖①；果囊卵状椭圆形，中部以上边缘具宽翅②；小坚果卵形。

　　产于鲁中南及胶东山区。生于沟谷、水边、湿润处。

　　相似种：扁秆藨草【*Schoenoplectus planiculmis*，莎草科 水葱属】秆三棱形；长侧枝聚伞花序短缩成头状③④，有1～6个小穗；小穗卵形，鳞片褐色或深褐色④。产鲁西北平原地区。生水边、湿润处。

　　翼果薹草花序塔形，小穗绿色，小坚果包于果囊中，果囊具翅；扁秆藨草为长侧枝聚伞花序，常缩短成头状，小穗褐色。

白鳞莎草 　莎草科 莎草属

Cyperus nipponicus

Japanese Flatsedge ｜ báilínsuōcǎo

　　一年生草本，秆丛生，扁三棱形，基部具少数叶；叶常短于秆，宽1.5～2毫米；叶状苞片3～5枚，较花序长；长侧枝聚伞花序短缩成头状②，有时辐射枝稍延长①，具多数密生的小穗；小穗披针形，压扁，鳞片中脉处绿色，两侧白色②。

　　产于全省各地。生于草丛中、水边、湿润处。

　　相似种：旋鳞莎草【*Cyperus michelianus*，莎草科 莎草属】长侧枝聚伞花序头状，具极多数密集的小穗；小穗卵形，鳞片螺旋状排列③。鲁西北及鲁中南地区偶见；生水边、湿润处。华湖瓜草【*Lipocarpha chinensis*，莎草科 湖瓜草属】穗状花序2～3个簇生，具多数螺旋状排列的鳞片和小穗④；小穗圆柱形，具2枚小鳞片和1朵小花。鲁中南及胶东山区偶见；生境同上。

　　白鳞莎草小穗扁，鳞片排成两列；旋鳞莎草小穗密集，鳞片螺旋状排列；华湖瓜草小穗仅具2鳞片和1花，再螺旋状排列成穗状花序。

青绿薹草 　青菅 莎草科 薹草属

Carex breviculmis

White-green Sedge ｜ qīnglǜtáicǎo

　　多年生草本，根状茎丛生；秆三棱形，基部具淡褐色叶鞘；叶短于秆，宽2～3毫米；小穗2～4个①，顶生为雄性，其余为雌性，矩圆形或矩圆卵形，长6～15毫米，近无梗；苞片叶状，基部1枚具短叶鞘；雌花鳞片矩圆形，中间淡绿色，两侧绿白色，膜质，顶端具长芒②；果囊倒卵状椭圆形，绿色②，上部密被短柔毛；小坚果披针形，有三棱。

　　产于鲁中南及胶东山区。生于山地林缘、林下、湿润处。

　　相似种：宽叶薹草【*Carex siderosticta*，莎草科 薹草属】叶矩圆状披针形③，宽1～3厘米；小穗5～8，苞片佛焰苞状，绿色，雌花鳞片绿色，边缘白色④。主产胶东山区；生山地林缘、林下。

　　青绿薹草叶条形，极窄，小穗的小花多而密集；宽叶薹草叶近披针形，较宽，小穗的小花数量较少。

白颖薹草 莎草科 薹草属

Carex duriuscula subsp. *rigescens*

Rigescent Sedge | báiyǐngtáicǎo

多年生草本，具细长匍匐根状茎；叶短于秆①，宽1～3毫米，扁平；穗状花序卵形②，具密生的5～8小穗；小穗卵形或宽卵形，上部为雄花，下部为雌花；鳞片卵形，淡锈色，边缘白色膜质②，顶端锐尖；果囊卵形，锈色；小坚果宽椭圆形。

产于全省各地，为常见杂草。生于房前屋后、路旁、草丛中。

相似种：无刺鳞水蜈蚣【*Kyllinga brevifolia* var. *leiolepis*，莎草科 水蜈蚣属】穗状花序顶生，小穗极多数③，内有1朵花。产鲁中南及胶东地区；生水边、路旁、草丛中。**针蔺【***Eleocharis valleculosa* var. *setosa*，莎草科 荸荠属】秆丛生，无叶⑤；小穗顶生⑤，条状披针形④，具多数密生的小花。产全省各平原地区；生水边、湿润处。

白颖薹草小穗数个集成卵形的穗状花序，鳞片锈色，边缘白色膜质；无刺鳞水蜈蚣小穗多数集成球形的花序，顶生；针蔺无叶，小穗单个顶生。

亚柄薹草 莎草科 薹草属

Carex lanceolata var. *subpediformis*

Subpetiolar Sedge | yàbǐngtáicǎo

多年生草本，根状茎密丛生；秆三棱形；叶柔软，初时短于秆，花后极延伸而较秆长很多，宽2～4毫米；小穗3～5①②，稍接近；顶生者雄性，圆柱形；其余为雌性，具稍多而密的花；苞片有淡绿色的鞘，顶端针状；雌花鳞片矩圆形，中间棕褐色，边缘白色膜质（②右上）；果囊倒卵状椭圆形，被短柔毛；小坚果三棱形，花柱长，柱头3。

产于鲁中南及胶东山区。生于山地林下，常成片生长，覆盖整个林下地被。

相似种：溪水薹草【*Carex forficula*，莎草科 薹草属】秆密丛生③；小穗3～4，顶生者雄性，其余为雌性，小花密生；雌花鳞片中间绿色，边缘暗锈色④；柱头2。产地同上；生水边、湿润处。

亚柄薹草雌小穗较短，长不及2厘米，鳞片中间棕褐色，边缘白色，柱头3，常生于林下；溪水薹草雌小穗较长，长3～4厘米，鳞片中间绿色，边缘锈色，柱头2，常生于水边。

草本植物 植株禾草状

狗尾草 莠 禾本科 狗尾草属

Setaria viridis

Green Bristlegrass │ gǒuwěicǎo

1 2 3 4 5 6 7 8 9 10 11 12

一年生草本：叶片条状披针形，宽2～20毫米；圆锥花序紧缩呈柱状①，长2～15厘米，分枝上着生2至多个小穗①，基部有刚毛状小枝1～6条，绿色①或带紫色；第一颖长为小穗的1/3；第二颖与小穗等长或稍短；第二外稃有细点状皱纹，边缘卷抱内稃；果实成熟后与刚毛分离而脱落。

产于全省各平原地区及山区，为常见杂草。生于房前屋后、路旁、草丛中。

相似种：金色狗尾草【*Setaria pumila*，禾本科 狗尾草属】圆锥花序柱状，分枝上着生1个小穗②，基部有刚毛状小枝数条，金黄色②；第二颖长约为小穗的1/2。产地同上，比上种少见；生境同上。

狗尾草花序分枝着生数个小穗，刚毛常为绿色，第二颖与小穗等长；金色狗尾草花序分枝着生1个小穗，刚毛金黄色，第二颖长为小穗的1/2。

狼尾草 禾本科 狼尾草属

Pennisetum alopecuroides

Chinese Fountaingrass │ lángwěicǎo

1 2 3 4 5 6 7 8 9 10 11 12

多年生草本；叶片条形，宽2～10毫米；圆锥花序长5～20厘米，紧缩成穗状①，主轴密生柔毛，分枝长2～3毫米，密生柔毛；刚毛状小穗常呈紫色②，长1～1.5厘米；小穗通常单生于由多数刚毛状小枝组成的总苞内，并于成熟时与之一起脱落；第一颖微小；第二颖长为小穗之半；颖果长圆形，长约3.5毫米。

产于全省各平原地区及山区。生于山地路旁、草丛中。

相似种：大白茅【*Imperata cylindrica* var. *major*，禾本科 白茅属】有长根状茎；叶片条状披针形④；圆锥花序紧缩呈穗状，有白色丝状柔毛③；小穗成对生于花序各节。主产全省各平原地区，山区也有；生山地路旁、水边、盐碱地。

狼尾草长叶后开花，花序有多数刚毛状小枝；大白茅先叶开花，花序有白色丝状柔毛。

草本植物 植株禾草状

牛筋草　蟋蟀草　禾本科 䅟属

Eleusine indica

Indian Goosegrass　｜　niújīncǎo

一年生草本；秆通常斜升，基部极压扁；叶片条形，宽3~7毫米；穗状花序2~7枚指状排列①，生于秆顶，有时其中1或2枚生于其他花序的下方，长3~10厘米；小穗密集于花序轴的一侧成两行排列②，白绿色，含3~6小花；第一颖具1脉；第二颖与外稃都有3脉，外稃先端尖，无芒②；囊果，种子卵形，有明显的波状皱纹。

产于全省各地，为常见杂草。生于房前屋后、田边、荒地、路旁、草丛中。

相似种：虎尾草【*Chloris virgata*，禾本科 虎尾草属】秆基部极压扁；叶片条状披针形；穗状花序4~10枚指状生于秆顶，并向中间靠拢③；小穗排列于穗轴的一侧，含2小花，外稃顶端以下生芒③。产地同上；生田边、路旁、草丛中。

牛筋草指状排列的花序开展，小穗含多数小花，外稃无芒；虎尾草指状排列的花序向中间靠拢，小穗含2小花，外稃有芒。

毛马唐　禾本科 马唐属

Digitaria ciliaris var. *chrysoblephara*

Golden-eyelash Crabgrass　｜　máomǎtáng

一年生草本，秆基部倾卧，节处易生根，具分枝；叶片条状披针形，长5~20厘米，宽3~10毫米，两面有柔毛；总状花序4~10枚，长5~12厘米，呈指状排列于秆顶①；小穗披针形，成对生于花序轴一侧，小穗柄三棱形；第一颖小，三角形，第二颖披针形，长为小穗的2/3，具3脉；第一外稃与小穗等长，间脉与边脉间具柔毛和疣基刚毛②，成熟后平展张开。

产于全省各地。生于路旁、草丛中。

相似种：狗牙根【*Cynodon dactylon*，禾本科 狗牙根属】具匍匐茎③，秆平卧部分长可达1米，并于节上生根及分枝；穗状花序3~6枚指状排列④；小穗排列于花序轴的一侧，含1小花。产地同上；生水边、河坝、草丛中。

毛马唐小穗背腹压扁，成对生于花序轴上，成熟后两侧有张开的毛；狗牙根小穗两侧压扁，单生于花序轴上。

白羊草 禾本科 孔颖草属

Bothriochloa ischaemum

Yellow Bluestem | báiyángcǎo

多年生草本，秆丛生①；叶片狭条形，宽2～3毫米，叶脉常显白色；总状花序4～多枚簇生茎顶，呈指状排列②；小穗成对生于总状花序各节，一有柄，一无柄；无柄小穗长4～5毫米，基盘钝；第一颖中部稍下陷；芒自细小的第二外稃顶端伸出，膝曲；有柄小穗不孕，无芒。

产于全省各山区，平原地区也有。生于山地林缘、路旁、水边、灌草丛中。

相似种：矛叶荩草【*Arthraxon prionodes***，禾本科 荩草属】**叶宽披针形，基部心形抱茎③；总状花序2至数枚呈指状排列；小穗成对生于各节，无柄小穗有芒④，有柄小穗较短，无芒。产全省各山区；生山地林缘、灌草丛中。

二者花序均呈指状排列；白羊草植株较高大，叶狭条形，小穗生较多柔毛；矛叶荩草植株较矮或匍匐，叶宽披针形，基部抱茎，小穗近无毛。

西来稗 禾本科 稗属

Echinochloa crus-galli var. *zelayensis*

Alkali Barnyard Grass | xīláibài

一年生草本；秆斜升；叶片条形，宽5～10毫米，无叶舌；顶生圆锥花序，呈不规则的塔形，分枝近似指状排列①，可再有小分枝；小穗密集生于穗轴的一侧，长约5毫米，有硬刺毛；颖具3～5脉；第一外稃具5～7脉，有短芒或无芒（①左上）；第二外稃顶端有小尖头并且粗糙，边缘卷抱内稃。

主产于全省各平原地区，为常见杂草。生于田边、路旁、水边、湿润处。

相似种：稗【*Echinochloa crus-galli***，禾本科 稗属】**圆锥花序稍倾斜，大部分小穗有长0.5～3厘米的芒②。产地同上；生路旁、水边、湿润处。**长芒稗【***Echinochloa caudata***，禾本科 稗属】**圆锥花序朝一侧弯曲，小穗有长3～6厘米的长芒③。产地同上；生水边，或在水中挺水生长。

西来稗的小穗无芒或具短芒；稗的小穗有明显的芒；长芒稗的小穗有长芒，花序弯曲下垂；其中以西来稗的生境最为广泛。

芒

紫芒　禾本科 芒属

Miscanthus sinensis

Chinese Silvergrass ｜ máng

多年生高大草本；叶片条形，长20～50厘米，宽6～10毫米；叶舌长1～3毫米，具纤毛；圆锥花序顶生，长15～40厘米，由多数指状排列的总状花序组成①，节与分枝腋间具柔毛；小穗成对生于总状花序各节，一柄长，一柄短，均结实且同形，含2小花，基盘有毛；芒自第二外稃裂齿间伸出②，膝曲；雄蕊3；颖果长圆形，暗紫色。

主产于全省各山区，平原地区也有。生于山地、沟谷。

相似种：荻【*Miscanthus sacchariflorus*，禾本科芒属】圆锥花序由指状排列的总状花序组成④；小穗成对生于各节，含2小花，芒缺或极短而不露出小穗之外③。产全省各平原地区及山区；生田边、沟谷、水边、湿润处。

芒的小穗有芒，在山区常见；荻的小穗无芒，在平原地区或山沟里常见。

野黍

禾本科 野黍属

Eriochloa villosa

Hairy Cupgrass ｜ yěshǔ

一年生；叶片条状披针形，宽5～15毫米；总状花序长1.5～4厘米，数枚排列于主轴的一侧①，密生柔毛；小穗单生，成二行排列于花序轴的一侧（①右上）；第一颖与小穗轴合生成环状，第二颖与第一外稃被白色柔毛，第二外稃革质。

产于鲁中南及胶东山区。生于沟谷林缘、水边、湿润处。

相似种：雀稗【*Paspalum thunbergii*，禾本科雀稗属】总状花序3～6枚，呈总状排列于主轴上②，小穗排列于穗轴一侧（②右下），边缘常有微毛。产鲁中南及胶东山区；生林缘、林下。双穗雀稗【*Paspalum distichum*，禾本科 雀稗属】总状花序2枚，顶生③；小穗成2行排列于穗轴一侧④。产鲁中南山区，鲁西北平原也有；生沟谷、水边。

野黍小穗稍大，长约5毫米，总状花序排列于主轴一侧，其余二者小穗稍小，长约3毫米；雀稗总状花序多枚；双穗雀稗总状花序2枚。

北京隐子草 禾本科 隐子草属

Cleistogenes hancei

Beijing Cleistogenes │ běijīngyǐnzǐcǎo

多年生草本，根状茎短，具有光泽的鳞片；叶舌短，边缘裂成细毛；叶片条形或条状披针形，宽3～8毫米，常与秆成直角①，易自叶鞘处脱落；上部叶鞘内有隐藏的小穗；圆锥花序开展①，长6.5～11毫米；小穗含3～7小花，颖不等长，具3～5脉，外稃有黑紫色斑纹，具5脉，顶端有短芒②，长1～2毫米。

产于全省各山区。生于山地林缘。

相似种：求米草【*Oplismenus undulatifolius*，禾本科 求米草属】叶片披针形，叶面有横脉，皱褶不平③；圆锥花序狭窄，分枝少数；小穗数枚簇生，被硬刺毛；颖与外稃均具芒④。产鲁中南及胶东山区；生林缘、林下、湿润处。

北京隐子草叶常与秆成直角，上部叶鞘内有隐藏的小穗，故名"隐子草"；求米草叶较宽大，表面皱褶不平，小穗常带紫色，有硬刺毛。

看麦娘 禾本科 看麦娘属

Alopecurus aequalis

Shortawn Foxtail │ kānmàiniáng

一年生草本，秆少数丛生；叶片扁平，长3～10厘米，宽2～5毫米；圆锥花序紧缩成圆柱形①，淡绿色，长2～7厘米，宽3～6毫米；小穗椭圆形，含1小花；颖膜质，基部互相连合，具3脉，脊上生纤毛，侧脉下部具短毛；外稃膜质，等长或稍长于颖，芒细弱，长2～3毫米；花药橙黄色②。

产于全省各地。生于水边、湿润处。

相似种：结缕草【*Zoysia japonica*，禾本科 结缕草属】总状花序③；小穗压扁，革质④，含1小花。产鲁中南及胶东山区；生山坡灌草丛中。虱子草【*Tragus berteronianus*，禾本科 锋芒草属】圆锥花序紧缩呈穗状⑤⑥；小穗通常成对，互相接合成一刺球体⑤⑥。产全省各地；生山地路旁。

结缕草为总状花序，小穗革质，压扁，其余二者为圆锥花序紧缩成穗状；看麦娘花序紧密，花药橙色；虱子草小穗成对接合成刺球体。

草本植物 植株禾草状

鹅观草

禾本科 披碱草属

Elymus kamoji

Roegneria ｜ éguāncǎo

多年生草本；叶片扁平，光滑，宽3～13毫米，叶鞘外侧边缘常具纤毛；穗状花序长7～20厘米，俯垂①；小穗含3～10小花；颖卵状披针形，先端渐尖以至具长2～7毫米的芒，具3～5脉，边缘膜质，无毛；外稃披针形，边缘宽膜质，无毛②，具5脉，第一外稃芒长20～40毫米；内稃与外稃近等长（②左下），顶端钝，脊显著具翼。

产于全省各平原地区。生于路旁、田边、草丛中、水边。

相似种：纤毛鹅观草【*Elymus ciliaris*，禾本科 披碱草属】穗状花序稍下垂③；颖与外稃边缘均具纤毛⑤；外稃背部有粗毛，芒长10～20毫米，初时直立，于小穗成熟时反曲④；内稃长为外稃的2/3⑤。产地同上；生境同上。

鹅观草花序俯垂，内稃与外稃近等长，脊上有明显的翼，芒直立；纤毛鹅观草花序稍下垂，内稃长为外稃的2/3，小穗成熟后芒向外反曲。

中华草沙蚕

禾本科 草沙蚕属

Tripogon chinensis

Chinese Fiveminute Grass ｜ zhōnghuácǎoshācán

多年生草本；秆密丛生①，细弱，光滑无毛；叶片狭条形，常内卷成刺毛状，上面微粗糙，下面平滑无毛，长5～15厘米，宽约1毫米，叶鞘口处有白色长柔毛，叶舌膜质，具纤毛；穗状花序细弱②，长8～14厘米，穗轴三棱形，微扭曲，多平滑无毛；小穗条状披针形③④，绿色，含3～5小花；颖具宽而透明的膜质边缘，第一颖长1.5～2毫米，第二颖长2.5～3.5毫米；外稃质薄，近膜质，先端2裂，具3脉，主脉延伸成芒③④，芒长1～2毫米；第一外稃长3～4毫米，基盘被柔毛；内稃膜质，等长或稍短于外稃；花药长1～1.5毫米。

产于全省各山区。生于林缘、石缝中。

中华草沙蚕秆和叶均细弱，宽约1毫米，穗状花序细弱，小穗含数个小花，外稃有短芒；在干旱山坡常见，营养期与薹草（*Carex* spp.）形态相似，但占据不同的生态位，薹草生于林下，中华草沙蚕则生于林缘或林缘的石缝中。

臭草

肥马草　　禾本科 臭草属

Melica scabrosa

Scabrous Melicgrass ｜ chòucǎo

多年生草本；叶片宽2～7毫米，叶鞘闭合；圆锥花序紧缩，常偏向一侧①；小穗柄短、弯曲而具关节，上端具微毛；小穗含2～4个孕性小花，小穗轴顶端有数个互相包裹的不孕外稃，呈球形；颖等长，具3～5脉；外稃7脉，背部点状粗糙。

产于全省各山区，平原地区也有。生于山地林缘、路旁、草丛中。

相似种：羊草【*Leymus chinensis*，禾本科 羊草属】穗状花序②，通常每节生2枚小穗③；外稃有芒尖。产鲁西北平原；生盐碱地上。黑麦草【*Lolium perenne*，禾本科 黑麦草属】穗状花序④；小穗以背腹面对花序轴⑤，第一颖缺。原产欧洲，全省各地引种，已逸为野生；生路旁、草丛中。

臭草为紧缩的圆锥花序，常偏向一侧，其余二者为穗状花序；羊草花序每节生2枚小穗，小穗以侧面对花序轴，生盐碱地；黑麦草花序每节生1枚小穗，小穗以背腹面对花序轴，第一颖缺。

菵草

禾本科 菵草属

Beckmannia syzigachne

American Sloughgrass ｜ wǎngcǎo

一年生草本；叶片扁平，宽3～10毫米；圆锥花序狭窄①，长10～30厘米，由多数直立，长为1～5厘米的穗状花序稀疏排列而成；小穗近方形，两侧极压扁（①右上），灰绿色，排列于穗轴的一侧，含1小花；颖等长，厚革质，有淡绿色横脉；外稃披针形，具5脉，内稃稍短于外稃；颖果黄褐色，长圆形，长约1.5毫米。

产于全省各地。生于水边、湿润处。

相似种：獐毛【*Aeluropus sinensis*，禾本科 獐毛属】秆直立或斜升，有时匍匐地面；叶片硬，披针形；圆锥花序呈穗状②，其上分枝密接而重叠；小穗卵形，含4～6小花②。主产鲁西北沿海地区；生盐碱地上。

菵草的小穗近方形，两侧极压扁，含1个小花，生于水边；獐毛的花序分枝密接而重叠，小穗卵形，含数个小花，生于盐碱地。

野古草 毛秆野古草 禾本科 野古草属

Arundinella hirta

Hirsute Rabo de Gato ｜ yěgǔcǎo

多年生草本，根茎粗壮，秆直立，疏丛生；叶片长条形，12～35厘米，宽5～15毫米；圆锥花序长10～40厘米，开展①②，有时略收缩，主轴与分枝具棱；小穗成对着生①，柄分别长1.5毫米和3毫米，含2小花；第一小花雄性，第二小花两性，短于第一小花；外稃3～5脉，无芒或有长0.6～1毫米的芒状小尖头①。

产于全省各山区，常见。生于山坡灌草丛中。

相似种：鼠尾粟【*Sporobolus fertilis*，禾本科 鼠尾栗属】叶片狭条形③；圆锥花序紧缩③，狭长，宽0.5～1厘米；分枝密生小穗；小穗含1小花；外稃膜质，先端稍尖④。产鲁中南及胶东山区；生山地林缘、湿润处。

野古草的花序大而开展，小穗含2小花；鼠尾粟的花序长而紧缩，小穗含1小花，颖与外稃均为膜质。

野青茅 禾本科 野青茅属

Deyeuxia pyramidalis

Common Small Reed ｜ yěqīngmáo

多年生草本；叶片宽2～7毫米；圆锥花序紧缩或开展①，长6～10厘米，宽1～5厘米；小穗、、含1小花；颖近等长或第一颖稍长，鲜时二颖靠合②，压干后展开；外稃长4～5毫米，基盘两侧有毛，长达外稃的1/4～1/3，芒自外稃基部或下部1/5处伸出，长约7毫米，近中部膝曲；成熟时小花掉落，颖片不落；在许多植物志书中，*D. arundinacea*曾被长期错误地用作本种的学名。

产于全省各山区。生于山地、沟谷。

相似种：棒头草【*Polypogon fugax*，禾本科 棒头草属】圆锥花序紧缩，较疏松③；小穗灰绿色或带紫色，含1小花；颖及外稃均有芒③，成熟时颖片连同小花一起掉落。产鲁西北及胶东平原地区；生水边、湿润处。

野青茅仅外稃有芒，自基部或下部伸出；棒头草颖与外稃均有芒，自近顶端伸出，成熟时颖与小花一起掉落。

草本植物 植株禾草状

光稃茅香 光稃香草　禾本科 茅香属
Anthoxanthum glabrum

Glabrous Sweetgrass | guāngfūmáoxiāng

多年生草本，根状茎细长，植株有香气；叶片披针形，宽5～7毫米；圆锥花序开展①，长5～7厘米；小穗卵圆形②，黄褐色，有光泽，长2.5～3毫米，含3小花，下方2枚为雄性，顶生1枚为两性；颖膜质，近等长，具1～3脉；雄花外稃等长或长于颖片；两性花外稃长2～2.5毫米，上部被短毛；成熟时小穗肿胀。

产于全省各山区，平原地区也有。生于林缘、路旁、水边、湿润处。

相似种：细柄黍【*Panicum sumatrense*，禾本科 黍属】秆常有分枝；叶片条形；圆锥花序开展③，分枝细④，疏生小穗；小穗含2小花，仅第二小花结实。产鲁中南及胶东山区；生山地林缘、水边。

光稃茅香花序较短小，小穗含3小花，下方2枚为雄性，顶生者为两性；细柄黍花序较大，开展，分枝细弱，小穗含2小花。

1 2 3 4 5 6 7 8 9 10 11 12

1 2 3 4 5 6 7 8 9 10 11 12

大油芒 禾本科 大油芒属
Spodiopogon sibiricus

Frost Grass | dàyóumáng

多年生草本，具长根状茎，秆直立，通常单一；叶片阔条形，宽6～14毫米；圆锥花序长15～20厘米，由数节总状花序组成①②，穗轴逐节断落，节间及小穗柄呈棒状；小穗成对着生（②右下），一有柄，一无柄，均结实且同形，多少呈圆筒形，含2小花，仅第二小花结实；芒自第二外稃二深裂齿间伸出，中部膝曲；颖长圆状披针形，棕栗色，长约2毫米。

产于全省各山区，常见。生于山地林缘、林下、灌草丛中。

相似种：细柄草【*Capillipedium parviflorum*，禾本科 细柄草属】圆锥花序疏散③，有纤细的分枝④，总状花序1～3节于枝端；小穗成对生于各节或3枚顶生（④右下）。产全省各山区；生境同上。

大油芒小穗成对着生，长5毫米以上（芒除外）；细柄草花序疏散，分枝及小穗柄细弱，小穗常3个生于分枝顶端，长不及4毫米（芒除外）。

1 2 3 4 5 6 7 8 9 10 11 12

1 2 3 4 5 6 7 8 9 10 11 12

早熟禾 　禾本科　早熟禾属

Poa annua

Annual Bluegrass　｜　zǎoshúhé

一年生草本；秆细弱，丛生；叶舌钝圆，长1~2毫米；叶片柔软，宽1~5毫米；圆锥花序开展①，长2~7厘米，分枝每节1~3枚；小穗含3~6小花；颖边缘宽膜质，第一颖长1.5~2毫米，具1脉，第二颖长2~3毫米，具3脉；外稃边缘宽膜质（①右下），具5脉明显，有脊；第一外稃长3~4毫米；内稃脊上具长柔毛，花药长0.5~1毫米。

主产于全省各平原地区，山区也有，为常见杂草。生于路旁、田边、山地、草丛中。

相似种：华东早熟禾【*Poa faberi*，禾本科　早熟禾属】多年生草本；叶长3~8毫米；圆锥花序较紧密②，长10~12厘米，分枝每节3~5枚；颖披针形，具3脉。产鲁中南及胶东山区；生山地林缘。

早熟禾为一年生草本，植株矮小，叶舌长1~2毫米，第一颖具1脉；华东早熟禾为多年生草本，植株较高大，叶长3~8毫米，第一颖具3脉。

小画眉草 　禾本科　画眉草属

Eragrostis minor

Little Lovegrass　｜　xiǎohuàméicǎo

一年生草本，新鲜时植株具臭味，有疣状腺体；叶舌为一圈纤毛；叶片条形，宽3~6毫米，边缘常有腺体；圆锥花序长10~30厘米，疏松，花序分枝及小穗柄也有腺体；小穗淡绿色至乳白色，含多数小花（①②左）。

主产于全省各平原地区，山区也有。生于田边、路旁、草丛中、水边。

相似种：大画眉草【*Eragrostis cilianensis*，禾本科　画眉草属】圆锥花序长7~20厘米；小穗含多数小花（①②右）。产地同上；生境同上。**知风草【*Eragrostis ferruginea*，禾本科　画眉草属】**秆基部极压扁，圆锥花序开展③，长20~30厘米，小穗绿色常带紫色④。产全省山区；生山地林缘。

知风草为多年生草本，秆基部极压扁，生于山区，其余二者为一年生草本，常生于平原；小画眉草花序较大，小穗较小，宽1.5~2毫米；大画眉草花序较小，小穗较大，宽2~3毫米。

京芒草　远东芨芨草　禾本科 芨芨草属

Achnatherum pekinense

Beijing Speargrass ｜ jīngmángcǎo

多年生草本；叶片扁平或边缘稍内卷，长披针形，宽4～7毫米；圆锥花序疏松，开展①，长12～25厘米，分枝细弱；小穗草绿色至紫色，含1小花；颖几等长或第一颖较长，膜质，具3脉；外稃厚纸质，长6～10毫米，背部生柔毛，3脉于顶端汇合，先端生芒②，芒长2～2.5厘米，干后2回膝曲；远东芨芨草 A. extremiorientale 除小穗稍短外，无太大区别，现已合并。

产于鲁中南及胶东山区。生于山地林缘、灌草丛中。

相似种：长芒草【Stipa bungeana，禾本科 针茅属】秆密丛生；叶片纵卷呈针状；圆锥花序，分枝2～4枚簇生③；小穗含1小花；外稃芒长3～5厘米，芒针呈细丝状④。主产鲁中南山区；生境同上。

京芒草植株较高大，芒较短，长不及3厘米；长芒草植株稍矮，芒较长，长3厘米以上。

雀麦　禾本科 雀麦属

Bromus japonicus

Japanese Brome ｜ quèmài

一年生草本；叶鞘闭合，被柔毛；叶片宽2～8毫米；圆锥花序开展下垂①，长达30厘米；小穗含7～14小花；颖较宽，第一颖长5～6毫米，具3～5脉；第二颖长7～9毫米，具7～9脉；外稃具7～9脉，芒自先端下部伸出②，长5～10毫米。

主产于全省各平原地区，尤以黄河沿岸为多。生于水边、湿润处。

相似种：小颖羊茅【Festuca parvigluma，禾本科 羊茅属】圆锥花序狭窄，下垂③；小穗含3～5小花；外稃芒长3～12毫米④。产胶东山区；生林缘、水边。苇状羊茅【Festuca arundinacea，禾本科 羊茅属**】圆锥花序开展⑤，长20～30厘米；小穗含4～5小花；外稃先端具小尖头⑥。鲁西北地区有引种栽培，已逸为野生；生路旁、水边、草丛中。

雀麦叶鞘闭合，小穗含小花较多，其余二者小穗含小花较少；苇状羊茅花序直立，外稃仅具小尖头，其余二者花序下垂，外稃具芒。

芦苇 苇子 禾本科 芦苇属

Phragmites australis

Umbrose Jerusalem Sage | lúwěi

多年生高大草本，根状茎发达；叶片披针状条形，长可达30厘米，宽约2厘米，无毛，中间有横断面(②右下)；圆锥花序大型①，长20～40厘米，宽10～15厘米，分枝多数，着生稠密下垂的小穗；小穗含4小花，颖具3脉，第一外稃长12毫米，第二外稃长11毫米，具3脉，基盘密生丝状柔毛②，与外稃等长；颖果长约1.5毫米。

产于全省各地，常见。生于山地路旁、水边、盐碱地。

相似种: 假苇拂子茅【*Calamagrostis pseudophragmites*, 禾本科 拂子茅属】叶片条状披针形；圆锥花序③，长12～20厘米；小穗含1小花；外稃顶端具芒④，长1～3毫米。产全省各平原地区；生水边、湿润处。

芦苇为高大草本，叶坚挺，中间有横断面，小穗较大，长1厘米以上，含多个小花；假苇拂子茅小穗较小，长5～7毫米，含1个小花。

黄背草 菅草 禾本科 菅属

Themeda triandra

Kangaroo Grass | huángbèicǎo

多年生草本；叶片条形，宽4～5毫米；花序圆锥状，较狭①，长30～40厘米，由数个总状花序组成，长15～17毫米，有长2～3毫米的总梗，基部托以长2.5～3毫米无毛的佛焰苞状总苞②；每一总状花序有小穗7枚，下方两对均不孕而近于轮生，其余3枚顶生而有柄小穗不孕，无柄小穗纺锤状圆柱形；芒1或2回膝曲；颖果长圆形。

产于全省各山区。生于山地灌草丛中。

相似种: 橘草【*Cymbopogon goeringii*, 禾本科香茅属】植株有香气；花序圆锥状，狭窄③④，由成对的总状花序托以佛焰苞状总苞所形成；总状花序带紫色，长1～2毫米；小穗成对生于各节⑤。主产鲁中南及胶东山区；生山地林缘。

二者的花序均由数个总状花序组成；黄背草的总状花序有小穗7枚，下方两对，上方3枚；橘草的总状花序有小穗数枚，成对生于各节。

中文名索引
Index to Chinese Names

学名（拉丁名）索引
Index to Scientific Names

374

图片版权声明

后记 Afterword

本书在编写过程中，参考了《中国植物志》、"Flora of China"已出版卷册及未出版卷册的手稿、《山东植物志》、《山东植物精要》、"中国高等植物物种名录"（http://www.csvh.org/cnnode/search.php）等资料。

本书所载植物的名称几经校对和考证，力求其准确性和正确性。

中文名几乎全部按照《中国植物志》所载的名称，但有个别例外，比如：《中国植物志》所载的"鼓豆"（*Glycine soja*），"鼓"字极生僻，本书采用常见名称"野大豆"；《中国植物志》所载的"法氏早熟禾"（*Poa faberi*），以人名作为中文名不太合适，本书采用图鉴和其他地方植物志常用的名称"华东早熟禾"。

学名参照"中国高等植物物种名录"的记载，但有极少数我保留自己的观点，兹列举如下：

合被苋*Amaranthus polygonoides*过去被误鉴为泰山苋*A. taishanensis*，其作者已经考证过它们的名实问题，本书用前者的名称；短柄枹栎*Quercus serrata* var. *brevipetiolata*被认为应该归入原变种，在本书中暂保留；渤海滨南牡蒿*Artemisia eriopoda* var. *maritima*和圆叶南牡蒿*A. eriopoda* var. *rotundifolia*在本书中归入原变种；刺儿菜*Cirsium segetum*和大刺儿菜*Cirsium setosum*常被归为一种，本书认为它们是独立的两个种；多裂翅果菊*Pterocypsela laciniata*在本书中归入翅果菊*P. indica*；少花米口袋*Gueldenstaedtia verna*、米口袋*G. verna* subsp. *multiflora*、狭叶米口袋*G. stenophylla*、光滑米口袋*G. maritima*被认为应该合并为一种，本书保留狭叶米口袋*G. stenophylla*为独立的种。

此外，在某些文献中（如各版本植物志）长期延用的错误拼写的学名，本书也根据《国际植物命名法规》做了更正。如油松*Pinus tabuliformis*的学名长期被误写作*P. tabulaeformis*；华山松*Pinus armandii*的学名被误写作*P. armandi*。类似的例子还有很多，不再列举，请有分类学背景的读者注意甄别。

本书面向的对象是需要在野外识别植物的业余爱好者、生物学工作者等，而非专业的分类学家，所以书中部分文字叙述有失分类学的严谨性，这在前言和使用说明中已有介绍，希望不至于引起读者误会。

我毕业于山东大学。本书的植物图片大多为本科时期在山东各地拍摄，在此，我要特别感谢大学时的恩师辛益群老师，是他将我带入了分类学的殿堂，还给我配备相机，并创造了大量野外实践机会，当时的刘文亮和罗中莱二位师兄也给了我很大的帮助和鼓励。

感谢侯元同老师和高天刚老师帮助审稿并提出宝贵意见；孙英宝老师为本书绘制线条图；李敏老师帮助配备摄影器材；刘夙师兄帮助审定中英文名称；昆嵛山国家级自然保护区王琦主任曾数次给予热情帮助，在此一并感谢。

我对书中所记载的许多植物种类都有一个认识和澄清的过程，这些都离不开下列各位老师和朋友的指点和帮助：感谢王文采先生指点毛茛科，李安仁先生指点蓼科、藜科、壳斗科，李振宇老师指点苋科，张宪春老师指点蕨类，朱相云老师指点豆科，张树仁老师指点莎草科，陈文俐老师指点禾本科，高天刚老师指点菊科，陈又生老师指点堇菜属，王英伟博士指点紫堇属，俄罗斯国立阿尔泰大学Дмитрий Герман博士指点十字花科。

由于本人资历尚浅，水平有限，书中肯定还有不少疏漏和错误，敬请读者批评指正！

刘 冰

2009年3月于北京香山